● 冯建菊　蒋学玮　著

南疆主要经济植物

文图识别

经济作物　药用植物　林果植物　蔬菜　饲用植物　荒漠旱生植物　观赏植物　水生植物

中国农业科学技术出版社

图书在版编目（CIP）数据

南疆主要经济植物文图识别 / 冯建菊，蒋学玮著. --北京：中国农业科学技术出版社，2024.1
ISBN 978-7-5116-6601-7

Ⅰ. ①南… Ⅱ. ①冯… ②蒋… Ⅲ. ①经济植物—识别—新疆—图集 Ⅳ. ①Q949.9

中国国家版本馆CIP数据核字（2023）第250072号

责任编辑　张国锋
责任校对　贾若妍　李向荣
责任印制　姜义伟　王思文

出 版 者　中国农业科学技术出版社
　　　　　北京市中关村南大街 12 号　　邮编：100081
电　　话　（010）82109705（编辑室）（010）82109702（发行部）
　　　　　（010）82109709（读者服务部）
网　　址　https://castp.caas.cn
经 销 者　各地新华书店
印 刷 者　北京地大彩印有限公司
开　　本　170 mm×240 mm　1/16
印　　张　11.375
字　　数　192 千字
版　　次　2024 年 1 月第 1 版　2024 年 1 月第 1 次印刷
定　　价　78.00 元

新疆南疆地域辽阔，植被稀疏，植物资源匮乏，生态环境恶劣，为了改善环境，人们引种栽培大量经济植物，既能产生经济效益又能改善生态环境。普通群众对常见经济植物有识别与利用的需求，但缺少识别植物的简易书籍与方法。为满足普通民众需求，编写组成员筛选了南疆地区常见经济植物类群267个，拍摄并筛选出清晰度高、特征典型、野外易识别的图片1020张；文字表述力求浅显易懂、易于接受；植物名称加注中文拼音方便小学生与普通民众学习和国通语的推广。为满足较高水平读者需求，本书设置第三部分植物识别软件与使用方法，介绍手机端下载使用植物识别App与使用方法，方便普通民众自我学习，扩展知识面与学习深度，并能与专家互动，增加趣味性，普及植物知识。

本书由冯建菊和蒋学玮主持编写，冯建菊负责撰写目录、文字表述结构、文字与图片的核对，蒋学玮负责文字撰写与核对，赵艳娜、赵文玲参加部分图片搜集与文字撰写。

本书出版承蒙新疆生产建设兵团科技计划项目科普发展专项塔里木大学科普服务能力提升“编印南疆主要经济植物文图识别图册”（2022CD017）、兵团指导性科技计划项目（2023ZD098）、塔里木大学校长基金（TDZKCX202304）、一流本科专业建设林学（090501）和塔里木大学一流课程建设树木学（TDYLKC202127）的资助。

因水平和资料掌握程度有限，疏漏和不当之处在所难免，恭请广大读者和专家批评指正。

编　者

2023年5月

目录

第一部分

南疆植物概况

一、南疆生态条件

新疆南疆是指我国天山南坡及以南的地区，由天山、帕米尔高原、昆仑山围绕，中心为塔里木盆地，盆地的中心为世界第二大流动沙漠塔克拉玛干沙漠。由于远离海洋，且有高山阻挡，封闭的地形导致该地区空气干燥，降水量少，日照长，昼夜温差大，具有冬季干冷、夏季干热的气候特点，属于典型的温带大陆性气候。四周的高山孕育了大量的冰川，冰川融水形成南疆人民赖以生存的绿洲，最著名的是我国最长的内陆河——塔里木河。多样而特殊的生境类型孕育了丰富而具有特色的植物种质资源，其中耐干旱植物、沙生植物、盐生植物和高寒植物及抗辐射植物资源非常丰富。

二、南疆植被类型及主要植物类群和数量

据统计，塔里木盆地已知的野生植物共有 80 科 458 属 1670 种（含变种及种下等级），其中蕨类植物 7 科 8 属 16 种，种子植物 73 科 450 属 1654 种，占新疆种子植物总科数的 73%、总属数的 62.9%、总种数的 48.2%。种子植物中，裸子植物 2 科 2 属 9 种，被子植物 71 科 448 属 1645 种。植物的分布表现为高山多平原少，绿洲多荒漠少。

第二部分

南疆常见经济植物

1. 甜菜（tián cài）

【形态特征】藜科甜菜属，二年生或多年生草本。全株光滑无毛；根肥大；基生叶大，茎生叶较小；花小，两性；种子扁平，双凸镜状；花期 5—6 月，果期 7 月。

【经济价值】为我国北方重要的制糖原料；性凉，味甘、苦，清热解毒，行瘀止血；常被用在料理中，或作为食用色素使用。

【繁殖方式】播种、扦插、压条繁殖。

2. 陆地棉（lù dì mián）（棉花）

【形态特征】锦葵科棉属，一年生草本或亚灌木。叶宽卵形；花冠白色或淡黄色；蒴果卵圆形；种子卵圆形，具白色长绵毛和灰白色不易剥离的短绵毛；花期 6—10 月。

【经济价值】种皮毛为纺织原料。

【繁殖方式】常种子繁殖。

3. 大豆（dà dòu）（黄豆）

【形态特征】豆科大豆属，一年生草本。叶具3枚宽卵形小叶；花紫色、淡紫色或白色，黄绿色荚果肥大，果被黄褐色长毛；种子2～5颗，椭圆形、近球形，种皮光滑；花期6—7月，果期7—9月。

【经济价值】植物蛋白食物和油料作物。

【繁殖方式】种子繁殖。

4. 落花生（luò huā shēng）（花生）

【形态特征】豆科落花生属，一年生草本植物，根部具根瘤；茎直立或匍匐，有棱；托叶被毛，小叶卵状长圆形或倒卵形；花冠黄色或金黄色；花柱伸出萼片管外；荚果长，膨胀，果皮厚；花期6—7月；果期9—10月。

【经济价值】可食用、榨油。

【繁殖方式】种子繁殖。

5. 小麦（xiǎo mài）

【形态特征】禾本科小麦属，一年生或二年生草本。秆直立，丛生；叶片长披针形；穗状花序直立，主脉于背面上部具脊，于顶端延伸为长约 1mm 的齿，侧脉的背脊及顶齿均不明显；花期 6—10 月。

【经济价值】粮食作物。

【繁殖方式】种子繁殖。

6. 玉蜀黍（yù shǔ shǔ）（玉米）

【形态特征】禾本科玉蜀黍属，一年生高大草本。秆直立，通常不分枝；叶片扁平宽大，线状披针形，基部圆形呈耳状，无毛或具疵柔毛，中脉粗壮，边缘微粗糙；花药橙黄色；颖果球形或扁球形，花果期秋季。

【经济价值】粗粮作物、饲料原料。

【繁殖方式】种子繁殖。

7. 稻（dào）（水稻）

【形态特征】禾本科稻属，一年生水生草本。秆直立；叶披针状；圆锥花序；棱粗糙；颖果长圆卵形或椭圆形；内稃与外稃同质，具3脉，先端尖而无喙。

【经济价值】粮食作物、经济作物，动物饲料，也可作编织原料。

【繁殖方式】种子繁殖。

8. 向日葵（xiàng rì kuí）

【形态特征】菊科向日葵属，一年生草本。茎直立粗壮，被白色粗硬毛；叶互生，心状卵圆形或卵圆形；边缘头状花序，中心舌状花黄色，管状花多数棕色或紫色；瘦果倒卵形或卵状长圆形，稍扁压；花期 7—9 月，果期 8—9 月。

【经济价值】向日葵品种繁多，用途多样；果实可供食用和榨油，是世界五大油料作物之一；全株可入药；良好的蜜源植物；可作绿肥；花大而美丽，成片栽植可形成很好的景观效果。

【繁殖方式】种子繁殖。

9. 木贼（mù zéi）

【形态特征】木贼科木贼属，多年生常绿草本。根茎横走或直立，黑棕色，节和根有黄棕色长毛；地上枝多年生，枝绿色，不分枝或基部有少数直立的侧枝，顶端淡棕色，膜质，芒状，早落，下部黑棕色。

【药用价值】味甘微苦，无毒，是常用的药用植物，主治风热目赤、迎风流泪。

【繁殖方式】孢子、分茎繁殖。

10. 草麻黄（cǎo má huáng）（麻黄）

【形态特征】麻黄科麻黄属，草本状灌木。小枝直伸或微曲；裂片锐三角形，先端急尖；雄球花多呈复穗状，雌球花单生，有梗；种子通常 2，包于肉质、红色苞片内，不露出，黑红色或灰褐色。

【价值与文化】草麻黄为重要的药用植物，茎枝入药可治外感风寒、恶寒无汗、咳嗽、气喘、浮肿尿少等症状；根有止汗的作用，治自汗盗汗；同时，草麻黄是制造甲基苯丙胺（冰毒）的主要原料，中国对麻黄草实行严格控制，禁止自由买卖。

【繁殖方式】种子、分株繁殖。

11. 铁线莲（tiě xiàn lián）

【形态特征】毛茛科铁线莲属，落叶藤本。茎有明显的棱。一回羽状复叶，卵状长圆形、狭长圆形或披针形，基部楔形，边缘有不整齐缺刻状的锯齿；花单生；瘦果倒卵形，有长柔毛；花期6—9月，果期9—10月。

【药用价值】药用植物药效同车前。

【繁殖方式】种子繁殖。

12. 角茴香（jiǎo huí xiāng）

【形态特征】罂粟科角茴香属，一年生草本。根圆柱形，向下渐狭，具少数细根；花茎圆柱形；基生叶多数，叶片轮廓倒披针形；二歧聚伞花序；蒴果长圆柱形；种子近四棱形；花果期5—8月。

【药用价值】清热，消炎，止痛；其全草均可入药，味苦、辛，性凉，归肺、大肠、肝经，具有清热解毒、镇咳止痛的功效。

【繁殖方式】种子繁殖。

13. 板蓝根（bǎn lán gēn）（菘蓝）

【形态特征】十字花科菘蓝属，二年生草本。基生叶莲座状，椭圆形或倒披针形；花梗顶端棒状，花瓣黄色，倒披针形；短角果椭圆状倒披针形，种子椭圆形；花期4—6月，果期5—7月。

【经济价值】全株供药用，干燥根入药为“板蓝根”，叶入药为“大青叶”，具有清热解毒、凉血、利咽的功效。主治外感发热、温病初起、咽喉肿痛、温毒发斑、痄腮、丹毒、痈肿疮毒。叶还可提取蓝色染料。

【繁殖方式】种子繁殖。

14. 洋甘草（yáng gān cǎo）（光果甘草）

【形态特征】豆科甘草属，多年生草本。根外皮褐色，里面淡黄色，味甘甜；茎直立，多分枝；羽状复叶，互生，小叶椭圆形卵状，边缘微呈波状；蝶形花冠，紫色、白色或黄色；花期5—7月，果期6—10月。

【价值与文化】根入药，在采集到新鲜的甘草时，将其根剥皮入口嚼之，立刻能感到甜味，因此称为“甘草”。《神农本草经》记载：“味甘，平，无毒。治五脏六腑寒热邪气。坚筋骨，长肌肉。倍力，金疮，尰，解毒。久服轻身，延年。生川谷”，列为上品。甘草不仅是良药，还有“众药之王”的美称，能解百药之毒，国人寓意“解毒”，又能调和百药。

【繁殖方式】扦插繁殖。

15. 胀果甘草（zhàng guǒ gān cǎo）

【形态特征】豆科甘草属，多年生草本。小叶卵形、椭圆形或长圆形；总状花序腋生，具多数疏生的花，花冠紫色或淡紫色；荚果椭圆形或长圆形，种子1～4枚，圆形，绿色，直径2～3mm；花期5—7月，果期6—10月。

【药用价值】根部入药。药效同洋甘草。

【繁殖方式】种子繁殖。

16. 决明（jué míng）

【形态特征】豆科决明属，亚灌木状草本。叶膜质，倒卵形或倒卵状长椭圆形；花腋生，2朵聚生；荚果纤细，近四棱形，两端渐尖；花果期8—11月。

【经济价值】苗叶和嫩果可食；种子入药称决明子，有清肝明目、利水通便之功效；还可提取蓝色染料。

【繁殖方式】种子繁殖。

17. 苘麻（qǐng má）

【形态特征】锦葵科苘麻属，一年生直立草本。全株被柔毛；叶互生，圆心形；花单生叶腋，密被茸毛，花瓣 5，倒卵形；分果半球形，有粗毛；种子肾形，黑褐色，被星状柔毛；花期 6—10 月。

【经济价值】种子入药有清热利湿，解毒开窍之功效。茎皮可作编织材料，种子可制皂、油漆和工业用润滑油，经济价值广泛。

【繁殖方式】播种、分株、扦插繁殖。

18. 柴胡（chái hú）

【形态特征】伞形科柴胡属，一年生或多年生草本。主根木质化，侧根须状；茎直立或倾斜；单叶全缘，基生叶多有柄；复伞形花序，顶生或腋生；分果椭圆形或卵状长圆形；花期 6—7 月，果期 8—9 月。

【药用价值】根制干入药，有和解表里、疏肝升阳之功效。

【繁殖方式】种子、扦插繁殖。

19. 当归（dāng guī）

【形态特征】伞形科当归属，多年生草本。根圆柱状，黄棕色；茎直立，绿白色；叶三出二回羽状分裂，紫色；复伞形花序，密被柔毛，花白色；果实椭圆形；花期 6—7 月，果期 7—9 月。

【药用价值】根药用，补血、调经止痛，润肠滑肠，跌打损伤。

【繁殖方式】种子繁殖。

20. 硬阿魏（yìng ā wèi）

【形态特征】伞形科阿魏属，多年生草本。植株被密集的短茸毛，蓝绿色；根圆柱形；茎细；基生叶莲座状，广卵形至三角形；复伞形花序生于茎、枝和小枝顶端；果实广椭圆形；花期 5—6 月，果期 6—7 月。

【经济价值】根供药用，清热解毒、消肿。

【繁殖方式】种子繁殖。

21. 罗布麻（luó bù má）

【形态特征】夹竹桃科罗布麻属，亚灌木。茎直立；叶对生，叶片椭圆状披针形或卵圆状披针形；花冠钟状，粉红色；长角果双生，下垂；种子有毛；花期 6—7 月，果期 7—8 月。

【经济价值】根部入药清热利尿，纺织材料和蜜源植物。

【繁殖方式】种子、根茎或分株繁殖。

22. 喀什牛皮消（kā shí niú pí xiāo）

【形态特征】夹竹桃科鹅绒藤属，多年生草本。主根粗壮。茎直立，多分枝，有细棱。单叶对生，三角状卵形或宽心形，两面无毛，黄绿色。伞房状聚伞花序生。果窄披针形。花期 5—6 月，果期 8—9 月。

【经济价值】防风固沙，药用价值。

【繁殖方式】种子繁殖。

23. 益母草（yì mǔ cǎo）

【形态特征】唇形科益母草属，一年生或二年生草本。茎直立，钝四棱形；茎下部叶卵形，基部宽楔形；轮伞花序腋生，沿花茎组成长穗状花序；花冠白色至粉色；小坚果长圆状三棱形；花期6—9月，果期9—10月。

【经济价值】嫩茎叶入药，有活血祛瘀、调经消水之效。

【繁殖方式】种子繁殖。

24. 藿香（huò xiāng）

【形态特征】唇形科藿香属，多年生草本。茎直立，四棱形；叶心状卵形或长圆状披针形，边缘具粗齿，纸质；穗状花序密集，花冠淡紫蓝色，成熟小坚果卵状长圆形；花期6—9月，果期9—11月。

【经济价值】藿香具有化湿醒脾、辟秽和中、解暑、发表散热的功效，但不可过量服用；藿香茎叶和花都具有香气，作为一种食用香草植物受到中国人喜爱；也可用在园林中作观赏植物。

【繁殖方式】播种、扦插繁殖。

25. 枸杞（gǒu qǐ）

【形态特征】茄科枸杞属，多年生灌木。枝条细弱，弓状弯曲或俯垂，淡灰色；叶片卵形；花在长枝上单生或双生于叶腋；卵状浆果红色；花期 6—7 月，果期 8—10 月。

【价值与文化】枸杞是药食同源的营养保健型蔬菜和名贵中药，民俗文化中火红的枸杞是吉祥的象征，是中华民俗文化八大吉祥植物之一。

【繁殖方式】种子或扦插繁殖。

26. 黑果枸杞（hēi guǒ gǒu qǐ）

【形态特征】茄科枸杞属，灌木。茎多分枝，小枝顶端刺状；叶肥厚肉质，灰绿色，顶端钝圆；花冠漏斗状，浅紫色；浆果球状，紫黑色。花期 5—8 月，果期 8—10 月。

【经济价值】黑果枸杞可以治疗心热病、心脏病、月经不调等病症。果实含有丰富的花青素成分，具有抗氧化和抗过敏功能，增强人体免疫力和改善睡眠。可开发相应的保健饮料、食品等。还可改良土壤、防风固沙。

【繁殖方式】扦插、种子和分蘖繁殖。

27. 肉苁蓉（ròu cōng róng）

【形态特征】列当科肉苁蓉属，高大草本，大部分地下生。叶卵形或披针形；花冠筒状钟形，淡黄白色或淡紫色；蒴果卵球形；种子椭圆形或近卵形；花期 5—6 月，果期 6—8 月。

【经济价值】肉苁蓉又名大芸，是一种珍贵的中药材，素有“沙漠人参”之美誉，用于治疗肾阳虚衰、精血亏损、腰膝冷痛、耳鸣目花、带浊、尿频、崩漏、不孕不育、肠燥便秘等病症。肉苁蓉也可用来做粥，泡酒。肉苁蓉为寄生植物，常寄生在红柳、梭梭、白刺、四翅滨藜等植物根上。

【繁殖方式】播种繁殖。

28. 车前（chē qián）

【形态特征】车前科车前属，多年生草本。须根多数；叶基生呈莲座状；叶片宽卵形至宽椭圆形；花具短梗，花冠白色；蒴果纺锤状卵形、卵球形或圆锥状卵形；果实黑褐色至黑色；花期 4—8 月，果期 6—9 月。

【经济价值】幼苗可食，全株入药，有止咳平喘、利尿降压之效。

【繁殖方式】种子繁殖。

29. 小车前（xiǎo chē qián）

【形态特征】车前科车前属，一年或多年生草本。叶、花序梗及轴被毛；叶片硬纸质，线形、狭披针形或狭匙状线形；穗状花序短圆柱状；花冠白色，无毛；蒴果卵球或宽卵球形；种子椭圆状卵形或椭圆形；花期6—8月，果期7—9月。

【经济价值】药用植物。

【繁殖方式】种子繁殖。

30. 忍冬（rěn dōng）（金银花）

【形态特征】忍冬科忍冬属，多年生半常绿缠绕灌木。枝细长，叶卵形，枝叶被毛；花对生，花初为白色，渐变为黄色；浆果球形，熟时黑色，种子卵圆形或椭圆形；花期4—6月，果期10—11月。

【应用价值】忍冬性甘寒，清热解毒、消炎退肿，对细菌性痢疾和各种化脓性疾病都有效。可做茶饮。忍冬花型独特，具有很高的园林观赏价值。忍冬适应性强，不择土质，既耐旱，又耐涝，而且根很深，可做水土保持植物。

【繁殖方式】扦插繁殖。

31. 蒲公英（pú gōng yīng）

【形态特征】菊科蒲公英属，多年生草本。叶倒卵状或长圆状披针形，叶柄及主脉红紫色；花黄色，基部淡绿色，上部紫红色；瘦果暗褐色；花期4—9月，果期5—10月。

【价值与文化】蒲公英是中国常见野生蔬菜和中草药，2002年就被卫生部归类为药食同源物质；全草供药用，有清热解毒、消肿散结的功效；可生吃、炒食、做汤，是药食兼用的植物；其花期较长，具有观赏价值；具有祛斑美白、清透皮肤的功效，可用作面膜。

【繁殖方式】播种、分株繁殖。

32. 牛蒡（niú bàng）

【形态特征】菊科牛蒡属，二年生草本。茎枝有短毛和黄色小点；叶片宽卵形；头状花序，总苞绿色，无毛；花紫红色；果实倒长卵圆形，浅褐色；花果期6—9月。

【经济价值】牛蒡根具有清热解毒、疏风利咽之功效，且具独特的芳香，可作餐食配料，也可加工制茶饮，也作药用；果实具有疏散风热、宣肺透疹、散结解毒之功效。

【繁殖方式】播种繁殖。

33. 雪莲花（xuě lián huā）

【形态特征】菊科风毛菊属，多年生草本。根状茎，茎无毛；叶密集，基生叶或茎生叶无柄，叶片椭圆形或卵状椭圆形；头状花序，总苞半球形，边缘或全部紫褐色；瘦果长圆形，花果期 7—9 月。

【价值与文化】雪莲全草可入药，可祛风湿、强筋骨、补肾阳、调经止血；可外敷，用于外伤出血；孕妇忌用。由于雪莲花颜色碧玉，花序紫色绮丽，具芳香，被青年男女视作爱情的象征。

【繁殖方式】播种繁殖。

34. 红花（hóng huā）

【形态特征】菊科红花属，一年生草本。茎直立，上部分枝，全部茎枝白色或淡白色；头状花序多数，在茎枝顶端排成伞房花序，为苞叶所围绕，苞片椭圆形或卵状披针形；总苞卵形，瘦果倒卵形；花果期 5—8 月。

【经济价值】花制干入药，有活血通经、散瘀止痛之功效。

【繁殖方式】播种、扦插、嫁接繁殖。

35. 苍耳（cāng ěr）

【形态特征】菊科苍耳属，一年生草本。茎直立，具毛，有时具刺，多分枝；叶互生，全缘或多少分裂；头状花序单性，雌雄同株，总苞宽半球形，椭圆状披针形，革质；总苞片在果实成熟时变硬，外面具钩状的刺；瘦果倒卵形；花期7—8月，果期9—10月。

【经济价值】果实入药，主要用于利尿、催吐、催泻；子实可榨油，供灯用和油漆等的原料。

【繁殖方式】种子繁殖。

36. 麻花头蓟（má huā tóu jì）

【形态特征】菊科蓟属，多年生草本。茎直立；上部伞房状花序分枝，被稀疏长毛；茎叶绿色，被长毛；头状花序直立，在茎枝顶端排成疏松伞房花序；总苞卵形，紧密覆瓦状排列；小花紫红色；瘦果浅褐色；花果期7—10月。

【经济价值】入药有凉血、止血、消察散肿之功效。

【繁殖方式】播种、分株繁殖。

37.蒺藜（jí lí）

【形态特征】蒺藜科蒺藜属草本植物。茎基部分枝，平卧地上，全株密生丝状柔毛；叶对生，偶数羽状复叶，下面长满白色伏毛；花单生叶腋，两性；果实为分裂果，由 4～5 个不开裂、带刺的心皮组成。花期 5—8 月，果期 6—9 月。

【经济价值】果实入药，有降压、抗心肌缺血，延缓衰老，增强性功能等诸多功效。

【繁殖方式】种子繁殖。

38.马齿苋（mǎ chǐ xiàn）

【形态特征】马齿苋科马齿苋属，一年生草本。全株无毛；茎平卧或斜倚，多分枝；叶互生，叶片扁平，肥厚；种子小而数，黑褐色；花期 5—8 月，果期 6—9 月。

【经济价值】药食兼用植物，可凉拌，做咸菜，也可晒干包包子饺子。全草供药用，味酸，寒，具有清热解毒、凉血止血、止痢的功效，有很好的利水消肿作用。

【繁殖方式】种子繁殖、扦插繁殖。

39. 赖草（lài cǎo）

【形态特征】禾本科赖草属，多年生草本。秆单生或丛生，直立，具节，叶鞘光滑无毛；叶片扁平或内卷，穗状花序直立，灰绿色；外稃披针形，边缘膜质，先端具芒；内稃与外稃等长，先端常微2裂；花果期6—10月。

【经济价值】根茎或全草入药。根茎味苦，性微寒。有清热利湿、止血之功效。

【繁殖方式】种子繁殖。

40. 骆驼蓬（luò tuó péng）

【形态特征】蒺藜科骆驼蓬属，多年生草本。茎直立或开展；叶互生，卵形；花单生枝端与叶对生；花瓣黄白色，倒卵状矩圆形；蒴果近球形，种子三棱形黑褐色、表面被小瘤状突起；花期5—6月，果期7—9月。

【经济价值】全草入药，有止咳平喘、祛风湿、消肿毒之功效，种子可做红色染料，榨油可供轻工业用；又可做杀虫剂；其叶子揉碎能洗涤泥垢，代肥皂用。

【繁殖方式】种子或分株繁殖。

11. 薄荷（bò he）

【形态特征】唇形科薄荷属，多年生草本。茎直立；叶对生，叶片长圆状披针形，被微柔毛；花小淡紫色，唇形，小坚果卵珠形，黄褐色；花期 7—9 月，果期 10 月。

【经济价值】薄荷品种繁多，是中国常用中药之一，是辛凉性发汗解热药，具有防腐杀菌、消炎、利尿、化痰、健胃和助消化等功效；也可用于食疗，主要的食用部位为茎和叶，既可作为调味剂，又可作香料，还可配酒、冲茶等。

【繁殖方式】根茎、分株繁殖。

42. 银白杨（yín bái yáng）

【形态特征】杨柳科杨属，乔木。小枝被白茸毛；萌发枝和长枝叶宽卵形，顶端渐尖；短枝叶卵圆形或椭圆形；叶缘具不规则齿芽，被白茸毛；蒴果圆锥形，无毛；花期4—5月，果期5月。

【经济价值】木材纹理直，结构细，质轻软，可供建筑、家具、造纸等用，也是城乡园林绿化的优良树种。

【繁殖方式】常扦插繁殖。

43. 新疆杨（xīn jiāng yáng）

【形态特征】杨柳科杨属，落叶乔木。树冠窄圆柱形或尖塔形；树皮灰白或青灰色，光滑少裂；短枝叶圆形，有粗缺齿，侧齿对称，下面绿色无毛。

【价值与文化】新疆杨树干挺拔，生长速度快，是优良的建筑、家具用材；也是优良的园林绿化和防护林树种。新疆杨代表的寓意为“紧密团结，力争上游，坚强不屈”。

【繁殖方式】常插条繁殖。

44. 胡桃（hú táo）（核桃）

【形态特征】胡桃科胡桃属，乔木。树皮灰白色，幼枝先端具细柔毛；树冠广阔，树皮幼时灰绿色；小枝无毛；羽状复叶，椭圆状卵形至椭圆形；基部圆或楔形，奇数羽状复叶；果实椭圆形；花期5月，果期9—10月。

【经济价值】胡桃又名核桃，种仁含油量高，可生食，亦可榨油食用，世界四大坚果之一；木材坚实，是很好的硬木材料；胡桃种仁药效价值丰富，可温补肺肾，润肠通便。

【繁殖方式】播种、嫁接、扦插繁殖。

45. 桑（sāng）

【形态特征】桑科桑属，乔木。树皮厚，灰色，小枝有细毛；叶卵形或广卵形，具柔毛；花单性，雌雄异株花淡绿色、倒卵形；聚花果卵状椭圆形，成熟时红色或暗紫色；花期4—5月，果期5—8月。

【经济价值】叶为养蚕的主要饲料，桑椹可直接食用，也可酿酒，还可入药；桑叶入药有疏散风热、清肺、明目功效。

【繁殖方式】播种、嫁接、扦插繁殖。

46. 无花果（wú huā guǒ）

【形态特征】桑科榕属，落叶灌木。树皮灰褐色；叶互生，厚纸质，宽卵圆形，基部浅心形，托叶卵状披针形；雌雄异株，榕果单生叶腋，大而梨形，瘦果透镜状；花果期 5—8 月。

【经济价值】无花果是一种高营养、高药用、多利用的水果。具有健胃清肠、消肿解毒的功效，主要用于食欲不振、咽喉肿痛、咳嗽多痰等症状。

【繁殖方式】扦插繁殖。

47. 枣（zǎo）

【形态特征】鼠李科枣属，落叶小乔木。树皮褐色；新枝光滑，紫红色或灰褐色，呈“之”字形曲折；叶纸质，卵形；花黄绿色，两性；核果长卵圆形，种子扁椭圆形；花期 5—7 月，果期 8—9 月。

【经济价值】蜜源植物、果可鲜食、制干、加工等；开花时间长，清香，花、果有观赏价值。

【繁殖方式】播种、嫁接繁殖。

48. 葡萄（pú táo）

【形态特征】葡萄科葡萄属，木质藤本。小枝圆柱形，有纵棱纹；卷须2叉分枝，每隔2节间断与叶对生；叶卵圆形；圆锥花序与叶对生；浆果球形至椭球形等。花期4—5月，果期8—9月。

【经济价值】葡萄营养丰富、用途广泛、色美、气香，味可口，是果中佳品，为世界四大水果之首，既可鲜食又可制葡萄干，还可酿制葡萄酒；入药有补气血、舒筋络、利小便的功效。

【繁殖方式】常扦插繁殖。

49. 草莓（cǎo méi）

【形态特征】蔷薇科草莓属，多年生草本。茎分为新茎、根状茎和匍匐茎；三出复叶，具长叶柄；两性花，白色；果实由花托膨大发育而成，瘦果附着在膨大花托的表面。花期4—5月，果期6—7月。

【价值与文化】草莓具有较高的营养价值、医疗价值和生态价值。浆果芳香多汁，营养丰富，素有“水果皇后”的美称，又是果树中上市最早的鲜果，素有“早春第一果”的美称；具有清凉止渴、健胃消食的功效；也可作为观赏、绿化植物。

【繁殖方式】扦插繁殖。

50. 苹果（píng guǒ）

【形态特征】蔷薇科苹果属，乔木。小枝短而粗，圆柱形，幼嫩时密被茸毛，老枝紫褐色，无毛；冬芽卵形，先端钝，密被短柔毛；叶片椭圆形、卵形；伞房花序，集生于小枝顶端；果实扁球形；花期5月，果期7—10月。

【价值与文化】苹果素有“水果之王”的美誉，鲜食可生津、润肺、解暑、开胃、醒酒，还可治筋骨疼痛等。另可加工制果酱、果干、罐头等。

【繁殖方式】种子、枝条或嫁接繁殖。

51. 海棠（hǎi táng）

【形态特征】蔷薇科苹果属，小乔木。老枝紫灰色或灰褐色，小枝粗壮，圆柱形，叶互生，叶片卵形或椭圆形，边缘有细锐锯齿；花序伞形或伞房，花含苞未放时粉红色，开放后白色，微香；果实圆或卵形，红色或黄色。花期4—5月，果期8—9月。

【经济价值】海棠果生津止渴、健脾开胃；海棠花花姿潇洒，花开似锦，自古以来是雅俗共赏的名花，素有“花中神仙”“花贵妃”“花尊贵”之称。

【繁殖方式】播种、扦插繁殖。

52. 梨（lí）

【形态特征】蔷薇科梨属，落叶乔木或灌木。叶片卵形；花瓣 5 枚，白色。果实卵形、近球形，俗称“梨形”；花期 3—4 月，果期 7—8 月。

【价值与文化】梨有润肺、祛痰化咳、通便秘、利消化、生津止渴、润肺止咳的作用，可提高机体免疫力。梨乃凉性果，因其鲜嫩多汁，酸甜适口，有“天然矿泉水”之称。

【繁殖方式】嫁接、扦插繁殖。

53. 杏（xìng）

【形态特征】蔷薇科杏属，乔木。多年生枝浅褐色，皮孔大而横生，一年生枝浅红褐色；叶片宽卵形；花单生，先叶开放，花瓣白色或淡粉红色，花萼紫绿色，花后反折；果实近球形，果皮黄色，白色或红色，皮上有细柔毛，果肉为黄色或乳白色；核卵形或椭圆形；花期3—4月，果期6—7月。可食用。

【经济价值】种仁味苦或甜，具降气止咳平喘、润肠通便之效。

【繁殖方式】播种、嫁接繁殖。

51. 桃（táo）

【形态特征】蔷薇科桃属，乔木。树皮暗红褐色，老时粗糙呈鳞片状；叶片长圆披针形；花单生，先叶开放；核果宽卵状球形，密被短柔毛，果肉白色、黄色、橙黄色等，多汁；核大；花期3—4月，果期7—9月。桃的果肉多汁有香味，是著名水果。

【经济价值】桃仁，味苦、甘，性平，具有活血祛瘀、润肠通便、止咳平喘的作用；桃树是园林观赏的理想树种。

【繁殖方式】播种、嫁接繁殖。

55. 扁桃（biǎn táo）（巴旦木）

【形态特征】蔷薇科桃属中型乔木或灌木，树高 4 ～ 6 米，枝直立或平展，短枝上的叶常靠近而簇生，叶片披针形。花单生，着生在短枝或一年生枝上，先于叶开放；花瓣长圆形，白色至粉红色。果实斜卵圆形，果肉薄，成熟时开裂。花期 3—4 月，果期 7—8 月。

【价值与文化】扁桃果实扁而平，似桃非桃，似杏非杏，十分奇特，故名扁桃。扁桃又名巴旦木是新疆发展干果生产的主要树种之一。扁桃抗旱性强，可作桃和杏的砧木；木材可制作小家具和旋工用具；扁桃仁可作糖果、糕点、制药和化妆品工业的有价值原料。核壳中提出的物质可作酒类的着色剂和增进特别的风味。由于长期栽培的结果，扁桃在世界各地产生了不少食用、药用及观赏的类型。供药用及食用者，依种仁味之甜苦，大致可分苦味、甜味、软壳甜扁桃；栽培供观赏的扁桃主要有白花、粉红、紫花、垂枝、彩叶扁桃。

【繁殖方式】播种、嫁接繁殖。

56. 樱桃（yīng táo）

【形态特征】蔷薇科李属，乔木。树皮灰白色，小枝灰褐色；叶片卵形；花序伞形，花瓣倒卵形，白色或粉红色，常先叶开放；叶卵形或长圆状倒卵形，有锯齿；核果近球形，红色。花期 3—4 月，果期 5—6 月。

【经济价值】樱桃营养丰富，铁含量高，经常食用可以起到补血效果。

【繁殖方式】扦插、播种繁殖。

57. 沙枣（shā zǎo）

【形态特征】胡颓子科胡颓子属，落叶乔木或小乔木。幼枝叶和花果均密被银白色鳞片；叶片披针形；果实椭圆形，粉红色，果肉乳白色；花期 5—6 月，果期 9 月。

【经济价值】沙枣具有很高的药食同源价值，果实味酸、微甘、凉，有健脾止泻功效，用于消化不良等症；树皮酸、微苦、凉，有清热凉血、收敛止痛功效。

【繁殖方式】播种、扦插繁殖。

58. 沙棘（shā jí）

【形态特征】胡颓子科沙棘属，落叶灌木或乔木。棘刺较多；嫩枝褐绿色，密被柔毛；单叶近对生，纸质，狭披针形，下被银白色鳞片；果实圆球形，橙黄色；种子阔椭圆形，黑色具光泽。花期4—5月，果期9—10月。

【价值与文化】沙棘的根、茎、叶、花、果、籽，均可入药，果实含有丰富的营养物质和生物活性物质，且维生素含量高，享有“维生素C之王”的美称。现代医学研究，沙棘有解除疲劳、增强记忆力、抗衰老、增强体质、提高免疫力、软化心脑血管等功效。成吉思汗视沙棘为“长生天”赐给的灵丹妙药，将其命名为“开胃健脾长寿果”和“圣果”。

【繁殖方式】播种、扦插繁殖。

59. 石榴（shí liú）

【形态特征】石榴科石榴属，落叶乔木。枝顶常成尖锐长刺；叶对生，纸质，矩圆状披针形；花大，通常红色，卵状三角形；浆果近球形，通常淡黄褐或淡黄绿色，有时白色、稀暗紫色；种子多数，肉质外种皮为淡红色至乳白色，甜而带酸，即为可食用的部分；内种皮角质，有退化变软的，即软籽石榴。花期5—6月，果期9—10月。

【经济价值】石榴在医药、食品、园林等领域均有利用，在中国古代就是重要的庭院树种，也是重要的观花和观果树种。

【繁殖方式】嫁接、分株繁殖。

60. 香椿（xiāng chūn）

【形态特征】楝科香椿属，乔木。树皮粗糙；羽状复叶，小叶卵状长椭圆形；聚伞花序生于短的小枝上，白色；蒴果狭椭圆形，深褐色，成熟时开裂；种子上端有膜质长翅；花期6—8月，果期10—12月。

【价值与文化】香椿幼芽嫩叶芳香可口，具有浓郁的芳香气味，是传统“树头菜”之一；香椿的木材纹理美丽，质坚硬，有光泽，耐腐力强，易施工，是制作家具、室内装饰品及造船的优良木材，被誉为“中国桃花心木”。

【繁殖方式】播种、分株繁殖。

61. 雪岭云杉（xuě lǐng yún shān）

【形态特征】松科云杉属，常绿大乔木，高达40米，胸径1米；树皮暗褐色，裂成块片；大枝近平展，小枝下垂，树冠圆柱形或窄塔形；叶四棱状条形，直伸或微弯；球果圆柱形，熟前绿色，熟时带褐色；花期5—6月，球果9—10月成熟。

【价值与文化】雪岭云杉是上好的木材，木质轻、纹理通直，是新疆用于建筑、家具、造纸等方面的主要原料。雪岭云杉是天山林海中特有的一个树种，90%以上林地都有雪岭云杉生长。苍劲挺拔、四季青翠、攀坡漫生、绵延不绝，犹如一道沿山而筑的绿色长城。

【繁殖方式】播种育苗或扦插育苗。

62. 白菜（bái cài）

【形态特征】十字花科芸薹属，二年生草本。常全株无毛；基生叶，多数倒卵状长圆形至宽倒卵形；叶柄白色，上部茎生叶长圆状卵形、长圆披针形至长披针形；花鲜黄色，萼片长圆形或卵状披针形；长角果较粗短；种子球形；花期 5 月，果期 6 月。

【价值与文化】白菜含丰富的维生素、膳食纤维和抗氧化物质，能促进肠道蠕动，帮助消化。其鲜叶和根入药，名黄芽白菜，具有通利肠胃，养胃和中，利小便的功效。白菜的谐音为“百才”“百财”，为美好愿望寄托之意。

【繁殖方式】播种繁殖。

63. 青菜（qīng cài）（上海青）

【形态特征】十字花科芸薹属，一年或二年生草本。基直立，有分枝；基生叶倒卵形或宽倒卵形，基部渐狭成宽柄；总状花序顶生，呈圆锥状；花黄色，花瓣长圆形；长角果线形；种子球形。花期 4 月，果期 5 月。

【经济价值】富含矿物质和维生素，是中国常食用的蔬菜之一。

【繁殖方式】播种繁殖。

64. 甘蓝（gān lán）（卷心菜）

【形态特征】十字花科芸薹属，二年生草本。茎绿色或灰绿色；基生叶多数，乳白色或淡绿色，长圆状倒卵形至圆形；总状花序顶生及腋生；花淡黄色，花瓣宽椭圆状倒卵形或近圆形；长角果圆柱形，种子球形。花期 4 月，果期 5 月。

【经济价值】甘蓝富含优质蛋白、纤维素、矿物质、维生素等，作蔬菜及饲料用。

【繁殖方式】播种繁殖。

65. 抱子甘蓝（bào zǐ gān lán）

【形态特征】十字花科芸薹属，二年生草本。被粉霜；茎粗壮直立，茎的全部叶腋有大的柔软叶芽，总状花序顶生及腋生；花淡黄色；种子球形；花期 4 月，果期 5 月。

【经济价值】主要食用部分为植株腋芽形成的鲜嫩小叶球，小叶球形状珍奇，鲜嫩，味甜浓郁，风味独特，营养丰富，其蛋白质含量是结球叶菜中最高的。

【繁殖方式】种子繁殖。

66. 芸薹（yún tái）（油菜）

【形态特征】十字花科芸薹属，二年生草本。茎粗壮，直立；基生叶大头羽裂，顶裂片圆形，基部抱茎；总状花序在花期成伞房状；花鲜黄色；花瓣倒卵形；长角果线形，种子球形；花期3—4月，果期5月。

【经济价值】种子植物油的重要来源之一，种子油还用于制造润滑剂、润滑脂、清漆和药品。在盐碱荒地种植油菜配以合理的施肥措施将具有巨大的经济价值和生态效益，有利于提高盐碱土壤质量，促进盐碱荒地生态环境的良性循环。

【繁殖方式】播种繁殖。

67. 芜菁（wú jīng）（恰玛古）

【形态特征】十字花科芸薹属，二年生草本。块根肉质，球形、扁圆形，根肉质白色或黄色；茎直立；基生叶大头羽裂或为复叶；总状花序顶生；长角果线形，种子球形，浅黄棕色；花期3—4月，果期5—6月。

【经济价值】块根熟食或用来泡酸菜，或作饲料。

【繁殖方式】播种繁殖。

68. 花椰菜（huā yē cài）（花菜）

【形态特征】十字花科芸薹属，二年生草本。被粉；基生叶灰绿色；茎顶端有 1 个由总花梗、花梗和未发育的花芽密集成的乳白色肉质头状体；总状花序顶生；花淡黄色；长角果圆柱形；种子宽椭圆形；花期 4 月，果期 5 月。

【经济价值】常见蔬菜，营养丰富，富含蛋白质、脂肪、碳水化合物、食物纤维、多种维生素和钙、磷、铁等矿物质；性凉，味甘，助消化，增食欲，生津止渴。

【繁殖方式】种子繁殖。

69. 荠（jì）（荠菜）

【形态特征】十字花科荠属，一年或二年生草本。茎直立；基生叶丛生呈莲座状；总状花序顶生及腋生；种子长椭圆形，浅褐色；花果期 4—6 月。

【价值与文化】常见野菜，现有栽培，营养价值高，含有丰富的维生素 C 和胡萝卜素，有助于增强机体免疫力；因药用价值高，被誉为“菜中甘草”，有和脾、利水、止血、明目的功效。

【繁殖方式】种子繁殖。

70. 白萝卜（bái luó bo）

【形态特征】十字花科萝卜属，二年生或一年生草本。根肉质，长圆形，外皮白；基生叶和下部叶羽状分裂，顶裂片卵形，上部叶长圆形或披针形，总状花序顶生或腋生；花瓣白、粉、紫色；种子卵圆形。花果期 4—6 月。

【价值与文化】肉质根性甘平辛，归肺脾经，具有下气、消食、除疾润肺、解毒生津，利尿通便的功效，《本草纲目》称之为“蔬中最有利者”。

【繁殖方式】播种繁殖。

71. 反枝苋（fǎn zhī xiàn）（苋菜）

【形态特征】马齿苋科马齿苋属，一年生草本。茎直立，粗壮；叶片菱状卵形或椭圆状卵形；圆锥花序顶生或腋生，直立；种子近球形，棕色或黑色；花期 7—8 月，果期 8—9 月。

【经济价值】嫩茎叶为野菜；全草药用，治腹泻、痢疾、痔疮肿痛出血等。

【繁殖方式】播种、扦插繁殖。

72. 凹头苋（āo tóu xiàn）

【形态特征】苋科苋属，一年生草本。全株无毛；茎平卧而上升，茎部分枝，紫绿色或红色，光滑，叶互生，有柄，叶卵形或菱状卵形；花簇腋生，穗状花序或圆锥花序；膜质；花期 7—8 月，果期 8—9 月。

【经济价值】味甘，性微寒，归肝、膀胱经。清热解毒，利尿；常见绿色山野菜，可作蔬菜食用。

【繁殖方式】种子繁殖、扦插繁殖。

73. 菜豆（cài dòu）（四季豆）

【形态特征】豆科菜豆属，一年生、缠绕或直立草本。茎被短柔毛或老时无毛；羽状复叶，小叶卵形；总状花序，花冠白色、黄色、紫堇色或红色；荚果带形，种子长椭圆形或肾形，白色；花期春夏。

【经济价值】菜豆味甘、淡，性平，有滋补，解热，利尿，消肿等功效；食用菜豆必须煮熟煮透，才可更好地发挥其营养效果。

【繁殖方式】播种繁殖。

74. 茄（qié）

【形态特征】茄科茄属，直立分枝草本至亚灌木。叶卵形至长圆状卵形；小枝多为紫色；能孕花单生，不孕花蝎尾状；花冠辐状；果的形状大小变异极大；花期 4—8 月，果期 5—10 月。

【经济价值】茄果味甘，性寒，无毒，可供蔬食；生食可解菌中毒，根及枯茎叶可治冻疮。

【繁殖方式】播种繁殖。

75. 辣椒（là jiāo）

【形态特征】茄科辣椒属，一年生草本。茎近无毛，分枝稍之字形折曲；叶互生，卵形；花单生，花冠白色；果实长指状，顶端渐尖且常弯曲，未成熟时绿色，成熟后成红色味辣；种子扁肾形，淡黄色。花果期 5—11 月。

【价值与文化】辣椒有温中散寒、下气消食等功效，既可作鲜菜，也可作调料，干辣椒及辣椒粉是中国重要的出口产品。辣椒还具备观赏价值，如今有专供观赏的彩色椒、盆景椒。

【繁殖方式】播种繁殖。

76. 番茄（fān qié）（西红柿）

【形态特征】茄科茄属，一年生草本。全株生黏质腺毛，有强烈气味，茎易倒伏；叶羽状复叶或羽状深裂；果实肉质而多汁液，种子黄色；花果期夏秋季。

【价值与文化】番茄含有丰富的胡萝卜素、维生素 C 和 B 族维生素，营养价值高既可作蔬菜也可作水果，既可生食也可熟食；加工制作番茄酱、番茄汁和番茄丁等；番茄富含番茄红素，具有很强的抗氧化能力，具有降低血压、清热解毒之效，可提取作保健品。未成熟的番茄不能食用。

【繁殖方式】播种、扦插繁殖。

77. 土豆（tǔ dòu）（马铃薯）

【形态特征】茄科茄属，草本。地下茎块状，扁圆形或长圆形；叶为奇数不相等的羽状复叶，全缘，两面均被白色疏柔毛，伞房花序顶生，花白色或蓝紫色；萼钟形，花冠辐状，子房卵圆形，无毛；浆果圆球状，光滑，花果期夏秋季。

【价值与文化】《本草纲目》记载：马铃薯可以治疗病后脾胃虚寒，气短乏力。块茎含有多种维生素和无机盐，可防止坏血病，刺激造血机能，促进全身健康。马铃薯同时具有粮食、蔬菜和水果等多重特点，是世界上许多国家重要的食品。

【繁殖方式】无性块茎繁殖。

78. 黄蜀葵（huáng shǔ kuí）（秋葵）

【形态特征】锦葵科秋葵属，多年生草本。疏生长硬毛；叶互生，花大，单生叶腋和枝端；小苞片 4 ～ 5，卵状披针形，花淡黄色，具紫心，花单生于叶腋间；蒴果筒状尖塔形；花期 5—9 月。

【经济价值】营养价值高，全株入药有清热解毒、润燥滑肠的功效。

【繁殖方式】分株、播种和扦插繁殖。

79. 胡萝卜（hú luó bo）

【形态特征】伞形科胡萝卜属，一年或二年生草本。根肉质，长圆锥形，呈橙红色或黄色；茎直立，有分枝；叶片薄膜质，羽状分裂；花白色，小伞形花序，中心的花呈紫色；花瓣倒卵形，先端凹陷，花柱基短圆锥形；果实长圆形至圆卵形。花果期 6—7 月。

【经济价值】肉质根具有健脾和中、滋肝明目、化痰止咳、清热解毒的功效；质脆味美、营养丰富，用于烹制营养价值更高。

【繁殖方式】种子繁殖。

80. 芫荽（yán sui）（香菜）

【形态特征】伞形科芫荽属，一年生或二年生草本。有强气味，根纺锤形；茎圆柱形，直立，多分枝；叶有柄，叶片卵形或扇形半裂；伞形花序顶生或与叶对生；花瓣倒卵形；果实圆球形；花果期 4—11 月。

【价值与文化】最普遍、最重要的香草之一，《本草纲目》记载“芫荽性味辛温香窜，内通心脾，外达四肢”，全株入药，有发表透疹、健胃、止痛、解毒的功效。

【繁殖方式】播种繁殖。

81. 小茴香（xiǎo huí xiāng）

【形态特征】伞形科茴香属，草本。茎直立，光滑，多分枝；叶片阔三角形；复伞形花序，花瓣黄色、倒卵形；果实长圆形；花期 5—6 月，果期 7—9 月。

【经济价值】嫩叶可作蔬菜食用或作调味用，果实入药，有驱风祛痰、散寒、健胃和止痛之效，

【繁殖方式】播种繁殖。

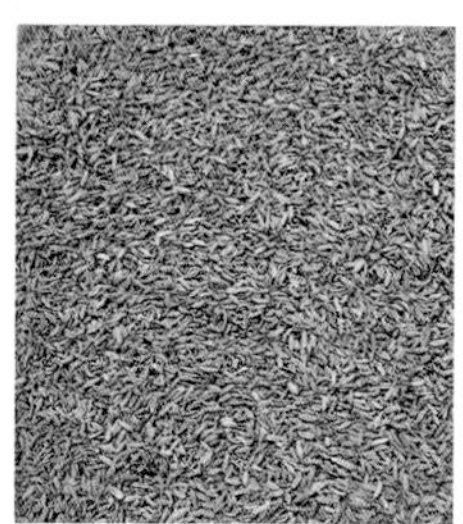

82. 孜然芹（zī rán qín）

【形态特征】伞形科孜然芹属，一年生或二年生草本。茎叶无毛；叶片三出二回羽状全裂；复伞形花序多数，花瓣粉红或白色，长圆形；果实长圆形；花期 4 月，果期 5 月。

【经济价值】种子粉末有除腥膻、增香味的作用。主要用作解羊肉膻味及制作“咖喱粉”和“辣椒粉”成分。其茎、叶欧洲人用于作泡菜；民间常用（种子）以治消化不良和胃寒腹痛等症。

【繁殖方式】播种繁殖。

83. 芹菜（qín cài）

【形态特征】伞形科芹属，二年生或多年生草本。茎有棱角；根圆锥形，支根多数，褐色，多年生叶片肉质；叶近圆形或肾形；复伞形花序顶生或与叶对生；花序梗长于叶柄；果为离果；花期 4—7 月。

【经济价值】常见的蔬菜之一，富含蛋白质、碳水化合物、胡萝卜素、B 族维生素、钙、磷、铁、钠等，同时，具有平肝清热、祛风利湿、除烦消肿、凉血止血、解毒宣肺、健胃利血、清肠利便、润肺止咳、降低血压、健脑镇静的功效。

【繁殖方式】种子繁殖。

84. 黄瓜（huáng guā）

【形态特征】葫芦科黄瓜属，一年生蔓生或攀缘草本。卷须细；有糙硬毛；叶片宽卵状心形；花簇生、被柔毛。果实长圆形或圆柱形，熟时表面粗糙，有具刺尖的瘤状突起；种子小，狭卵形，白色；花果期为6—8月。

【经济价值】常见水果、蔬菜，清热利水，解毒消肿，生津止渴。主治身热烦渴、咽喉肿痛、风热眼疾、湿热黄疸、小便不利等病症。

【繁殖方式】播种繁殖。

85. 丝瓜（sī guā）

【形态特征】葫芦科丝瓜属，一年生攀缘藤本。茎、枝粗糙有棱沟，被微柔毛；卷须稍粗壮，被短柔毛；叶片三角形或近圆形；花被柔毛，果实圆柱状，通常有深色纵条纹，种子多数，黑色，卵形；花果期夏、秋季。

【价值与文化】丝瓜中含防止皮肤老化的B族维生素，能保护皮肤、消除斑块，使皮肤洁白、细嫩，是不可多得的美容佳品，故丝瓜汁有“美人水”之称。

【繁殖方式】播种繁殖。

86. 南瓜（nán guā）

【形态特征】葫芦科南瓜属，一年生蔓生草本。茎常节部生根；叶片宽卵形或卵圆形，有浅裂，密被刚毛；卷须稍粗壮；雄花单生，花冠黄色，钟状；雌花单生，瓜蒂扩大成喇叭状；种子长卵形或长圆形；花期5—7月，果期7—9月。

【经济价值】南瓜藤有清热的作用，瓜蒂有安胎的功效，根治牙痛。南瓜富含膳食纤维，可促进肠胃蠕动，帮助食物消化，还可做多种食物和保健品，经济效益高。

【繁殖方式】种子繁殖。

87. 葫芦（hú lu）

【形态特征】葫芦科葫芦属，一年生攀缘草本。茎、枝具沟纹，叶片卵状心形或肾状卵形，边缘有不规则的齿，基部心形，花冠黄色；种子白色，倒卵形或三角形；花期夏季，果期秋季。

【经济价值】可供菜食，成熟后外壳木质化，中空，可作各种容器。

【繁殖方式】播种繁殖。

88. 苦瓜（kǔ guā）

【形态特征】葫芦科苦瓜属，一年生攀缘状草本。茎、枝被柔毛；叶片卵状肾形或近圆形，膜质；花单生，微被柔毛，果实纺锤形或圆柱形，种子多数，长圆形，具红色假种皮，花、果期5—10月。

【价值与文化】苦瓜清则苦寒，涤热，明目清心，苦瓜汁有良好的降血糖作用，利于肠道，但脾胃虚弱者不宜多食；苦瓜藤具有观赏价值，城区有庭院居民往往自发搭架种植，亦观亦食，笑称“苦中作乐”。

【繁殖方式】播种繁殖。

89. 冬瓜（dōng guā）

【形态特征】葫芦科冬瓜属，一年生攀缘草本。茎、叶被毛，有棱沟；叶片肾状近圆形，表面深绿色，有疏柔毛；背面粗糙，灰白色，有粗硬毛；花单生；种子卵形，花期5—6月，果期6—8月。

【价值与文化】冬瓜是果蔬中唯一不含脂肪的蔬菜，含糖量极低，有利水消肿作用，能去掉过盛堆积的体内脂肪，可用作减肥。冬瓜果实除作蔬菜外，也可浸渍为各种糖果；果皮和种子药用，有消炎、利尿、消肿的功效。

【繁殖方式】种子繁殖。

90. 西葫芦（xī hú lu）

【形态特征】葫芦科南瓜属，一年生蔓生草本。茎、叶有棱沟，有糙毛；叶片质硬，三角形或卵状三角形，基部心形；雌雄同株；雄花单生，花冠黄色，渐狭呈钟状；雌花单生；果实形状因品种而异；种子卵形，白色。

【经济价值】常见蔬菜，西葫芦含有较多维生素 C、葡萄糖等营养物质，具有除烦止渴、润肺止咳、清热利尿、消肿散结的功效。

【繁殖方式】播种繁殖。

91. 西瓜（xī guā）

【形态特征】葫芦科西瓜属，一年生藤本。果实形态近似于球形或椭圆形，有深绿、浅绿或黑绿色条带斑纹；瓜籽黑色，呈椭圆形；茎枝粗壮，有淡黄褐色的柔毛；叶片呈三角状卵形；花果期 5—6 月。

【经济价值】著名水果，清热解渴。

【繁殖方式】种子繁殖或嫁接繁殖。

92. 甜瓜（tián guā）（哈密瓜）

【形态特征】葫芦科甜瓜属，一年生匍匐或攀缘草本。卷须纤细，被微柔毛；叶片厚纸质，近圆形或肾形；花黄色；果实椭圆形，果皮平滑，有纵沟纹或斑纹，无刺状突起；果肉白色、黄色或绿色，有香甜味，花果期夏季。

【经济价值】著名水果。

【繁殖方式】种子繁殖。

93. 茼蒿（tóng hāo）

【形态特征】菊科筒蒿属，光滑无毛或几光滑无毛。头状花序单生茎顶或少数生茎枝顶端，但并不形成明显的伞房花序；顶端膜质扩大成附片状；管状花瘦果有 1 ～ 2 条椭圆形突起的肋；花果期 6—8 月。

【经济价值】味甘、辛，性平，无毒，可清血养心，润肺消痰；营养丰富，清爽可口，可辅助治疗脾胃不和、二便不利及咳嗽痰多等诸症；其制成的食品、饮料、补充剂或药物具有抑制肿瘤转移和生长作用。

【繁殖方式】播种繁殖。

94. 莴苣（wō jù）

【形态特征】菊科莴苣属，一年生草本。茎直立，白色或绿色，肥大如笋；基生叶，不分裂，倒披针形或椭圆状倒披针形；头状花序，在茎枝顶端排成圆锥花序；花果期2—9月。

【经济价值】莴苣中含有多种维生素和矿物质，具有调节神经系统功能的作用，茎叶均可做家常菜食用。种子味苦性寒，具有利尿、通乳、清热解毒之功效。

【繁殖方式】播种、块茎繁殖。

95. 韭菜（jiǔ cài）

【形态特征】百合科葱属。具倾斜的横生根状茎。鳞茎簇生，近圆柱状；鳞茎外皮暗黄色至黄褐色。叶条形，扁平。花葶圆柱状伞形花序，半球状或近球状，具多但较稀疏的花；花白色；花被片常具绿色或黄绿色的中脉。韭菜的根、茎、叶均可食用。

【经济价值】韭菜味甘、辛、性温，具有温补肝肾、强筋壮骨功效，韭汁对痢疾杆菌、伤寒杆菌、大肠埃希菌、葡萄球菌有抑制作用。

【繁殖方式】播种繁殖。

96. 葱（cōng）

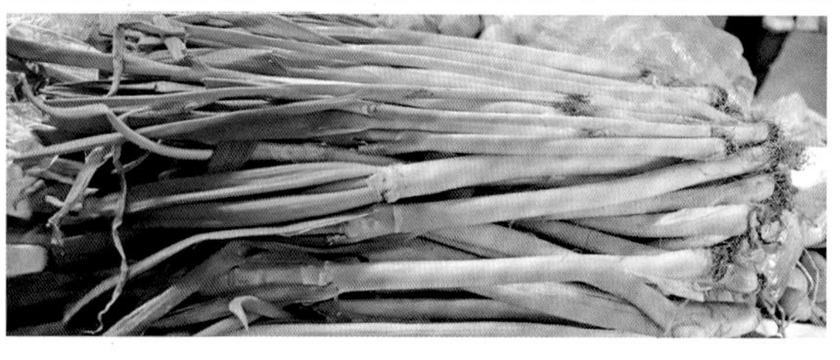

【形态特征】石蒜科葱属，草本。鳞茎单生，圆柱状，鳞茎外皮白色，稀淡红褐色，不破裂；叶圆筒状，中空，向顶端渐狭；花葶圆柱状，中空；伞形花序球状，花白色；花果期4—7月。

【价值与文化】葱一般分大葱、小葱、冬葱三类。小葱也称香葱，冬葱也称火葱，入药者多用香葱。葱为常用蔬菜，又称“和事草”，能去腥膻，促进胃液分泌，帮助消化，对流行性感冒、头痛、鼻塞等症状有辅助治疗作用。常食葱还具有增强纤维蛋白溶解活性和降低血脂作用。

【繁殖方式】播种繁殖。

97. 蒜（suàn）

【形态特征】石蒜科葱属，草本。鳞茎单生，球状或扁球状，外皮白或紫色，膜质，不裂；花梗纤细，长于花被片；小苞片膜质，卵形，具短尖；花常淡红色；子房球形；花柱不伸出花被，花期7月，果期8—9月。

【经济价值】常见蔬菜，蒜的花葶和鳞茎均供蔬食。具有食积消滞、杀菌灭虫的作用，其鳞茎也可作药用，是一味用途广泛的药材。

【繁殖方式】播种繁殖。

98. 洋葱（yáng cōng）（皮牙子）

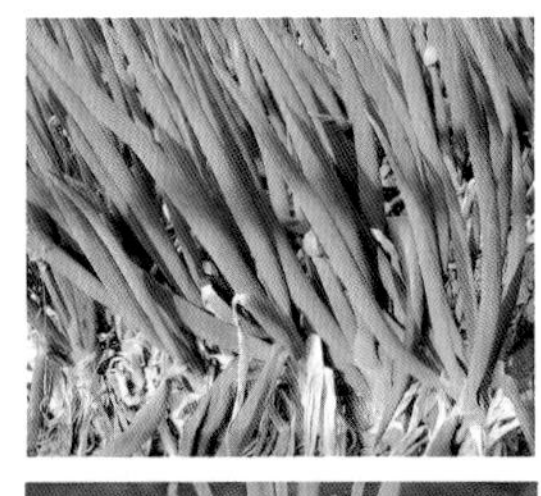

【形态特征】石蒜科葱属，二年生草本。鳞茎粗大，近球状至扁球状；鳞茎外皮紫红色、淡褐红色、黄色至淡黄色，纸质至薄革质，内皮肥厚，肉质，均不破裂；叶圆筒状；伞形花序球状；花粉白色；花果期5—7月。

【价值与文化】洋葱具有特有的刺激性香味，可作为食物的调味品，也可直接食用，能促进新陈代谢、降胆固醇、软化血管、益胃利肠、抗寒杀菌等功效，营养价值高，可使人精力旺盛，消除疲劳，在国外被誉为“菜中皇后”。

【繁殖方式】种子繁殖。

99. 石刁柏（shí diāo bǎi）

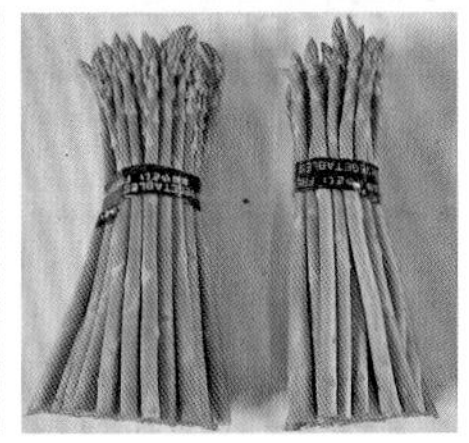

【形态特征】天门冬科天门冬属，直立草本。茎平滑，上部在后期俯垂，分枝较柔弱；叶状枝，圆柱形，略有钝棱，鳞片状叶；花绿黄色，花梗关节位于上部或近中部；浆果熟时红色，有2～3颗种子；花期5—6月，果期9—10月。

【经济价值】石刁柏以幼茎为食，含有蛋白质、维生素、脂肪、钙、铁等营养物质，可作凉拌、炒食、炖食、煮食、做汤，还可制成罐头、粉剂、干品、茶等。有润肺止咳、祛痰杀虫、凉血解毒、抑肿瘤之功效。

【繁殖方式】播种、分株繁殖。

100. 花椒（huā jiāo）

【形态特征】芸香科花椒属，落叶小乔木。枝有短刺；小叶对生，无柄，卵形、椭圆形；花序顶生或生于侧枝之顶；果实紫红色，散生微凸起的油点，顶端有很短的芒尖或无；花期 4—5 月，果期 8—9 月或 10 月。

【经济价值】著名香料及油料树种。

【繁殖方式】种子繁殖。

101. 菊芋（jú yù）（洋姜）

【形态特征】菊科向日葵属，多年生草本。茎直立，有分枝，被白色短糙毛或刚毛；叶对生；头状花序较大，单生于枝端；边缘舌状花舌片黄色，长椭圆形；中心管状花花冠黄色；瘦果小，楔形；花期 8—9 月。

【经济价值】地下块茎可食用，腌制咸菜，制取淀粉和酒精；宅舍附近种植兼有美化作用。

【繁殖方式】块茎繁殖。

102. 藜（lí）

【形态特征】藜科藜属，一年生草本。茎直立，粗壮，具条棱及绿色或紫红色；叶片菱状卵形至宽披针形；花两性，花簇生排列成穗状圆锥状或圆锥状花序；果皮与种子贴生，种子黑色；花果期 5—10 月。

【经济价值】常见饲料；也可入药，具有清热、利湿、杀虫功效，可治痢疾、腹泻、湿疮痒疹、毒虫咬伤。

【繁殖方式】种子繁殖。

103. 地肤（dì fū）

【形态特征】苋科地肤属，一年生草本。植株被具节长柔毛；茎直立，基部分枝；叶扁平，线状披针形或披针形；花被近球形，胞果扁，果皮膜质，种子卵形或近圆形；花期 6—9 月，果期 7—10 月。

【经济价值】幼苗及嫩茎叶可炒食或做馅，老株可用来做扫帚。果实（地肤子）可入药，味辛、苦，性寒，归肾、膀胱经，有清热利湿、祛风止痒的功效。

【繁殖方式】种子繁殖。

104. 苜蓿（mù xu）

【形态特征】豆科苜蓿属，多年生草本。茎直立、丛生、平卧，四棱形；叶羽状三出复叶，卵状披针形；小叶长卵形；花序总状或头状，花萼钟形，花冠淡黄；荚果螺旋状，种子卵圆形；花期5—7月，果期6—8月。

【价值与文化】以“牧草之王”著称，不仅产量高，而且草质优良，各种畜禽均喜食；早春返青时的幼芽称为苜蓿芽，可供食用，营养成分高，含有丰富的膳食纤维，且糖类含量少，热量非常低，是一种上佳的高纤维低热量食物。也可作为青贮牧草。

【繁殖方式】种子繁殖。

105. 草木樨（cǎo mù xī）

【形态特征】豆科草木樨属，一二年生草本。茎直立，圆柱形，中空，多分枝；羽状三出复叶；小叶倒披针状长圆形，上面无毛，下面被细柔毛，总状花序腋生，花冠黄色；种子卵形，棕色；花期5—7月，果期7—9月。

【经济价值】其茎叶营养价值高，可用以青饲、青贮、放牧、调制干草或干草粉；全草入药，味苦，性凉，有清陈热、杀黏、解毒、消炎的功效。

【繁殖方式】播种繁殖。

106. 田旋花（tián xuán huā）

【形态特征】旋花科旋花属，多年生草本。茎平卧或缠绕；叶卵状长圆形至披针形，先端钝或具小短尖；花冠宽漏斗形，白色或粉红色；蒴果卵状球形或圆锥形；种子卵圆形，暗褐色或黑色；花期6—8月，果期6—9月。

【经济价值】饲喂牛羊，是很好的营养性饲料；花和根入药，具有活血调经、止痒、祛风功效。

【繁殖方式】根芽、茎芽和种子繁殖。

107. 乳苣（rǔ jù）

【形态特征】菊科乳苣属，多年生草本。茎直立，中下部茎叶长椭圆形或线状长椭圆形或线形，基部渐狭成短柄；舌状小花紫色或紫蓝色，管部有白色短柔毛；头状花序，瘦果长圆状披针形，花果期6—9月。

【经济价值】中上等饲用植物；也可食用，具有清热解毒、活血排脓的功效；是高山草甸和荒漠常见种，对于水土保持具有重要作用。

【繁殖方式】种子繁殖。

108. 黑麦草（hēi mài cǎo）

【形态特征】禾本科黑麦草属，多年生草本。细弱根状茎；秆丛生，质软，基部节上生根；叶片线形，具微毛；穗状花序直立或稍弯；雄花序细圆柱形；内稃与外稃等长；颖果；花果期5—7月。

【经济价值】优质的放牧用牧草，也是禾本科牧草中可消化物质产量最高的牧草之一。

【繁殖方式】播种繁殖。

109. 狗牙根（gǒu yá gēn）

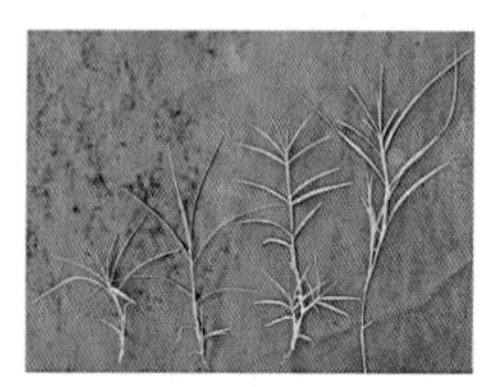

【形态特征】禾本科狗牙根属，多年生低矮草本。秆细而坚韧，直立或下部匍匐，节生不定根，秆无毛；叶片线形；穗状花序，小穗灰绿色或带紫色；花药淡紫色，柱头紫红色；颖果长圆柱形；花果期5—10月。

【经济价值】优良牧草，牛、马、兔、鸡等喜食；有药用价值，具有祛风活络、凉血止血、解毒的功效。

【繁殖方式】根茎、匍匐茎繁殖、种子繁殖。

110. 早熟禾（zǎo shú hé）

【形态特征】禾本科早熟禾属，一年生或冬性禾草。秆直立或倾斜，全体平滑无毛；叶片扁平或对折，常有横脉纹，顶端急尖呈船形，边缘微粗糙；圆锥花序宽卵形，小穗卵形，绿色；颖果纺锤形；花期4—5月，果期6—7月。

【经济价值】优良饲料，其茎叶柔软，常用饲养牲畜；药用具有清热解毒、利湿消肿、止咳、降血糖等功效。

【繁殖方式】种子繁殖。

111. 稗（bài）

【形态特征】禾本科稗属，一年生草本。秆直立，光滑无毛；叶鞘松弛，下部者长于节间，上部者短于节间；无叶舌；叶片无毛；圆锥花序主轴具角棱，粗糙；小穗密集于穗轴的一侧，具极短柄或近无柄；花果期7—10月。

【经济价值】全草可作绿肥及饲料；也可入药，具有凉血止血的功效；茎、叶纤维可作造纸原料；种子磨粉可代粮、酿酒和制麦芽糖用。

【繁殖方式】种子繁殖。

112. 宽叶独行菜（kuān yè dú xíng cài）

【形态特征】十字花科独行菜属，多年生草本。茎直立，上部多分枝，基部稍木质化，无毛或疏生单毛；基生叶及茎下部叶革质，长圆披针形或卵形；总状花序圆锥状；花瓣白色；短角果宽卵形或近圆形，果期 7—9 月。

【经济价值】全草入药，味微苦、涩性凉，有清热燥湿的功效；也可饲用，宽叶独行菜为高山盐碱湿地常见种，对于改善盐碱地土质具有一定的作用。

【繁殖方式】播种或根芽繁殖。

113. 芒颖大麦草（máng yǐng dà mài cǎo）

【形态特征】禾本科大麦属，一年生草本。秆丛生，直立或基部稍倾斜，平滑无毛；叶片扁平，粗糙；穗状花序柔软；穗轴成熟时逐节断落，其小花通常退化为芒状，稀为雄性；花果期 5—8 月。

【经济价值】优质牧草，营养价值高，适口性好，牛、羊、马均采食；因其花序肉红色，具长芒、极具观赏性，可植于湿涝地、岩石园或园路两侧。

【繁殖方式】播种繁殖。

114. 狗尾草（gǒu wěi cǎo）

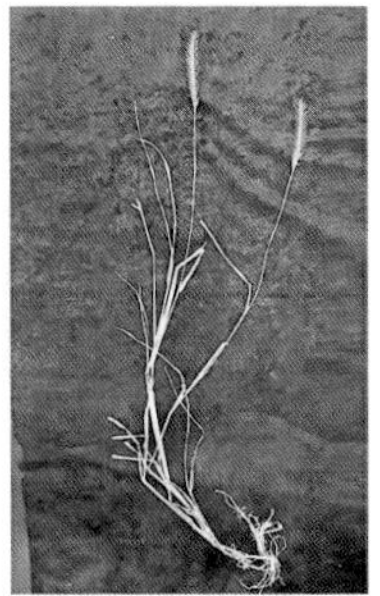

【形态特征】禾本科狗尾草属，一年生草本。秆直立或基部膝曲；叶片扁平，长三角状或线状披针形，先端长渐尖，基部钝圆形，边缘粗糙；圆锥花序紧密呈圆柱状或基部稍疏离，直立或稍弯垂；颖果灰白色；花果期5—10月。

【经济价值】可作饲料；种子入药有清肝明目、解热祛湿之功效；花序宿存经久不凋，可供观赏。

【繁殖方式】种子繁殖。

115. 假苇拂子茅（jiǎ wěi fú zǐ máo）

【形态特征】禾本科拂子茅属，多年生草本。叶鞘短于或有时下部者长于节间，无毛或稍粗糙；叶片扁平或内卷，上面及边缘粗糙，下面平滑；圆锥花序开展，长圆状披针形；小穗草黄或紫色；花果期7—9月。

【经济价值】中等偏低饲用植物；可作防沙固堤材料。

【繁殖方式】种子繁殖。

116. 芨芨草（jī jī cǎo）

【形态特征】禾本科芨芨草属，多年生草本。秆直立；叶鞘具膜质边缘；叶舌三角形或尖披针形，叶片纵卷，质坚韧；圆锥花序，小穗灰绿色，基部带紫褐色，成熟后常变草黄色；花果期6—9月。

【经济价值】嫩叶是牲畜的良好饲料，供牛羊食用；老茎可用来造纸、编筐、做扫帚。

【繁殖方式】播种和分株繁殖。

117. 中亚滨藜（zhōng yà bīn lí）

【形态特征】苋科滨藜属，一年生草本植物。茎直立或外倾，无粉或稍有粉，具绿色色条及条棱；枝细瘦，斜上。叶互生，或在茎基部近对生；叶片披针形至条形，先端渐尖或微钝；花果期8—10月。

【经济价值】鲜草、干草均可作猪饲料。带苞的果实称“软蒺藜”，为明目、强壮、缓和药。

【繁殖方式】扦插和播种繁殖。

118. 白车轴草（bái chē zhóu cǎo）（白花车轴草）

【形态特征】豆科车轴草属，短期多年生草本。主根短，侧根和须根发达；茎匍匐蔓生；掌状三出复叶，叶柄直立，小叶心形，边缘具细齿；花序球形顶生，总花梗长于叶柄；花冠白色，具香气。荚果长圆形；种子阔卵形；花果期 5—10 月。

【经济价值】白车轴草富含多种营养物质和矿物质元素，是优良牧草；可作绿肥、堤岸防护草种、草坪装饰，以及蜜源和药材等用。

【繁殖方式】播种繁殖。

119. 胡杨（hú yáng）

【形态特征】杨柳科杨属，乔木、稀灌木状。树皮淡灰褐色，下部条裂；萌枝细，圆形，光滑或微有茸毛；叶形多变化：幼时为线形、条形，随树龄增长逐渐变宽至披针形、卵形至扇形；硕果成熟时开裂，种子具有丝状长毛。花期 5 月，果期 7—8 月。

【价值与文化】荒漠地区特有的珍贵森林树种。天然分布于沙漠河流两岸，耐寒、耐旱、耐盐碱、抗风沙；生命力强，被形容为“生一千年不死，死一千年不倒，倒一千年不朽”，被誉为“沙漠英雄树”。胡杨对于稳定荒漠河流地带的生态平衡，防风固沙，调节绿洲气候和形成肥沃的森林土壤，具有十分重要的作用，是荒漠地区农牧业发展的天然屏障。

【繁殖方式】种子繁殖。

120. 灰胡杨（huī hú yáng）

【形态特征】杨柳科杨属，小乔木，树冠开展；树皮淡灰黄色；枝有灰色短茸毛；萌枝叶椭圆形，成年植株叶肾形，蓝绿色，全缘或先端具疏齿牙，两面密被灰茸毛；果序轴、果柄和蒴果均密被短茸毛；蒴果长卵圆形，花期5月，果期7—8月。

【经济价值】用途同胡杨，为西北干旱盐碱地的优良绿化树种；木材供建筑、桥梁、农具等用；也是良好的造纸原料。

【繁殖方式】种子繁殖。

121. 多枝柽柳（duō zhī chēng lǐu）（红柳）

【形态特征】柽柳科柽柳属，灌木或小乔木状。当年生枝淡红或橙黄色，第二年生枝颜色变淡；总状花序生于当年生枝顶，集成顶生圆锥花序；花瓣粉红色或紫色，花冠酒杯状；蒴果，成熟时开裂，种子具有毛；花期5—9月。

【生态价值】根系发达，耐沙埋，优秀的防风固沙植物；也是良好的改良盐碱土树种；姿态婆娑、枝叶纤秀，花期很长，可作园林观赏树种。

【繁殖方式】扦插、播种、分株繁殖。

122. 梭梭（suō suō）

【形态特征】藜科梭梭属，灌木或小乔木，树皮灰白色；木材坚而脆；老枝灰褐色或淡黄褐色，叶鳞片状，宽三角形；花着生于二年生枝条上；胞果黄褐色，种子黑色；花期 5—7 月，果期 9—10 月。

【生态价值】梭梭耐寒、耐旱、抗盐碱、抗风沙，既能遏制土地沙化、改良土壤、恢复植被，又能保护周边沙化草原，是温带荒漠中重要的固沙植物；还是优质燃料。

【繁殖方式】种子繁殖。

123. 盐穗木（yán suì mù）

【形态特征】藜科盐穗木属，灌木。茎直立，多分枝；老枝通常无叶，小枝肉质，蓝绿色；叶鳞片状，对生；花序穗状，交互对生，圆柱形；花被倒卵形；果实卵形，果皮膜质；种子卵形或矩圆状卵形；花果期 7—9 月。

【生态价值】防沙固沙、绿化造林、保持水土的优良灌木，广泛用于荒漠化防治、盐碱地改良以及沙漠公路的防护。

【繁殖方式】播种繁殖。

124. 硬枝碱蓬（yìng zhī jiǎn péng）

【形态特征】苋科碱蓬属，一年生草本。茎直立，粗壮，褐色至灰褐色，多分枝；枝硬直，侧枝细瘦而稍弯曲。叶条形，半圆柱状，近平伸；团伞花序具密集的多数花，腋生；种子直立，红褐色至黑色；花、果期 7—10 月。

【经济价值】生于胡杨林下，可固沙、防止水土流失；种子含丰富油脂。

【繁殖方式】播种繁殖。

125. 盐生草（yán shēng cǎo）

【形态特征】苋科盐生草属，一年生草本。茎直立，多分枝；枝互生，基部的枝近于对生，无毛，灰绿色；叶互生，叶片圆柱形，聚集成团伞花序，花被片披针形，膜质，种子直立，圆形；花果期 7—9 月。

【经济价值】固沙、抗干旱、耐盐碱植物；干枯后适口性提高，各种家畜均喜食，其粗蛋白质和粗脂肪含量均很高，粗灰分含量也高，对家畜补充矿物质有利，属于良等饲用牧草。

【繁殖方式】种子繁殖。

126. 泡泡刺（pào pào cì）

【形态特征】白刺科白刺属，灌木。枝平卧，嫩枝白色；叶条形或倒披针状条形，全缘；花序被短柔毛，黄灰色；花瓣白色，果未熟时披针形，成熟膨胀成球形；果核狭纺锤形，先端渐尖；花期5—6月，果期6—7月。

【经济价值】重要的防风固沙植物；也是骆驼和山羊的灌木饲料。

【繁殖方式】种子繁殖。

127. 苦马豆（kǔ mǎ dòu）

【形态特征】豆科苦马豆属，半灌木或多年生草本。茎直立或下部匍匐；全株被灰白色毛；小叶倒卵形；总状花序，花冠初呈鲜红色，后变紫红色；荚果椭圆形至卵圆形，膨胀；种子肾形至近半圆形，褐色；花期5—8月，果期6—9月。

【生态价值】耐盐碱耐干旱植物，是盐碱性荒地、河岸低湿地、沙质地、荒漠地带常见植物，具有重要生态价值；全草和果实入药，具有利尿、消肿功效。

【繁殖方式】种子繁殖。

128. 骆驼刺（luò tuó cì）

【形态特征】豆科骆驼刺属，多年生草本或半灌木。单叶，全缘；总状花序腋生，刺状；花冠红色或紫红色；荚果为串珠状，不开裂；种子肾形或近正方形。花期6—7月，果期8—10月。

【生态价值】骆驼刺根系发达，地上部分枝多，株丛较高，耐沙埋，是良好的防风固沙植物；饲用价值高，骆驼四季喜食，牛、羊喜食春季鲜草；骆驼刺刺糖有涩肠止泻、止痛的功效。

【繁殖方式】种子和根系无性繁衍。

129. 铃铛刺（líng dāng cì）

【形态特征】豆科锦鸡儿属，灌木。树皮暗灰褐色；偶数羽状复叶，叶轴宿存，呈针刺状；小叶片倒披针形，小叶柄极短；总状花序，蝶形花冠，淡紫色或白色；荚果，背腹稍扁，种子小，微呈肾形；花果期7—9月。

【生态价值】铃铛刺可作改良盐碱土和固沙植物；并可栽培作绿篱；也可用于庭园绿化供观赏；铃铛刺根部结瘤，有较高的固氮活性，对贫瘠土壤养分改善具有很好的调节作用。

【繁殖方式】种子繁殖。

130. 苦豆子（kǔ dòu zi）

【形态特征】豆科苦参属，一年生或二年生草本。枝被白色或淡灰白色柔毛；羽状复叶，披针状长圆形或椭圆状长圆形。花冠白色或淡黄色。荚果串珠状。种子卵球形，稍扁，褐色或黄褐色。花期5—6月，果期8—10月。

【经济价值】耐旱耐碱性强，生长快，常见于渠边地头；种子可入药，有清热燥湿、止痛、杀虫的功效。

【繁殖方式】播种繁殖。

131. 心叶水柏枝（xīn yè shuǐ bǎi zhī）

【形态特征】柽柳科水柏枝属，落叶灌木。单叶、互生，无柄，密集排列于当年生绿色幼枝上，花两性，总状花序或圆锥花序；花有短梗，倒卵形、长椭圆形，粉红色、粉白色或淡紫红色，蒴果；花果期4—6月。生于河滩沙地及山间盆地低地。

【经济价值】辛、甘，温。肺经。幼枝可用于治疗麻疹。

【繁殖方式】扦插繁殖。

132. 野胡麻（yě hú má）

【形态特征】玄参科野胡麻属，多年生直立草本。无毛或幼嫩时疏被柔毛；茎单一或束生，近基部被棕黄色鳞片，茎从基部起至顶端，多回分枝，总状花序顶生；花冠紫色或深紫红色；蒴果圆球形，种子卵形，黑色；花果期5—9月。

【生态价值】喜生于轻度盐渍化沙土地，具有一定的生态价值；以根或全草入药，有清热解毒、散风止痒的功效。

【繁殖方式】种子繁殖。

133. 蓼子朴（liǎo zǐ pǔ）

【形态特征】菊科旋覆花属，亚灌木。茎平卧；叶披针状或长圆状线形，全缘，基部常心形，半抱茎；头状花序生于枝端；舌状花浅黄色，椭圆状线形；瘦果，有多数细沟；花期5—8月，果期7—9月。

【生态价值】耐干旱、易繁殖，为良好的固沙植物。具横走的根状茎进行营养繁殖，为沙土掩盖后易生根并形成新的分株，往往成片生长。

【繁殖方式】营养繁殖、种子繁殖。

134. 花花柴（huā huā chái）

【形态特征】菊科花花柴属，多年生草本。茎直立，圆柱形，中空；幼枝有沟或多角形，老枝有疣状突起；叶全缘，有短齿，质厚；苞叶卵圆形或披针形，小花黄色或紫红色；瘦果圆柱形；花期7—9月，果期9—10月。

【生态价值】低等牧草，适口性差；可加速土壤脱盐、改善土壤通透性、提高淋盐效果、降低土壤返盐率等，具有改造盐碱地和利用咸水资源变害为利的作用。

【繁殖方式】种子和根芽繁殖。

135. 塔里木沙拐枣（tǎ lǐ mù shā guǎi zǎo）

【形态特征】蓼科沙拐枣属，灌木。老枝灰白色或淡黄灰色，拐曲，当年生枝条草质，绿色，叶退化为鳞片状；花白色或淡红色，簇生叶腋；花被片卵圆形，果期反折；瘦果卵圆形，具棱扭曲，每棱上有刚毛2排，顶端分枝成刺状。花期5—7月，果期6—8月。

【生态价值】防风固沙、水土保持优良灌木。

【繁殖方式】播种、扦插繁殖。

136. 新疆沙冬青（xīn jiāng shā dōng qīng）

【形态特征】豆科沙冬青属，新疆克州分布的阔叶常绿灌木。树冠近圆形，茎叶稠密；单叶互生，全缘，阔椭圆形至卵形，先端钝；总状花序短，顶生；花冠蝶形，黄色；荚果线形，种子较大。花期4—5月，果期5—6月。

【生态价值】良好的蜜源植物，是荒漠荒山防风固沙与水土保持的优良树种；可引种做观赏；国家二级重点保护野生植物。

【繁殖方式】种子繁殖。

137. 裸果木（luǒ guǒ mù）

【形态特征】石竹科裸果木属，亚灌木状。茎曲折多分枝；嫩枝赭（zhě）红色，节膨大；叶片稍肉质，钻状线形，先端具短尖头，近无柄；聚伞花序腋生；瘦果包于宿存萼内；种子长圆形；花期5—7月，果期8月。

【生态价值】可用来保持水土、防风固沙；是骆驼、羊等动物的饲料。

【繁殖方式】播种或扦插繁殖。

138. 河西苣（hé xī jù）

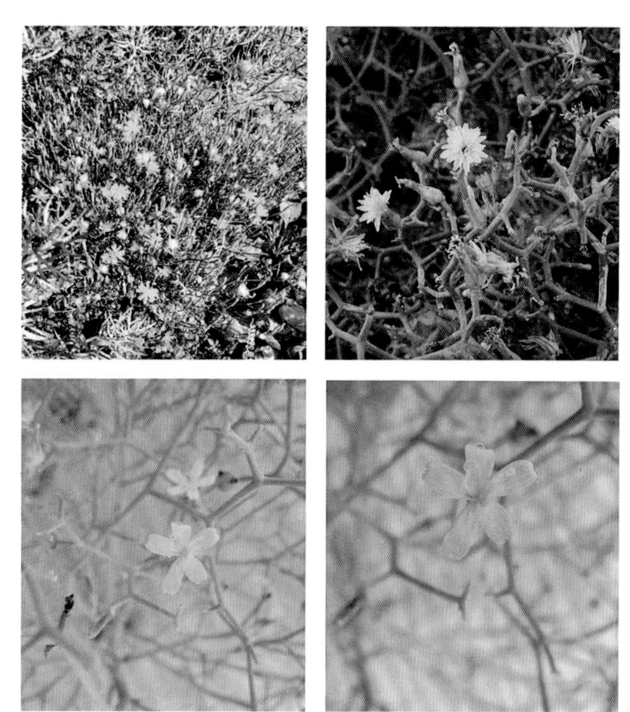

【形态特征】菊科河西苣属，多年生草本植物。自根茎发出多数茎；茎自下部起多级等二叉状分枝，形成球状；基生叶与下部茎叶少数，线形，无柄，头状花序极多数，总苞圆柱状；瘦果圆柱状，淡黄色至黄棕色，花期5—9月。

【生态价值】耐干旱、耐盐碱，广泛分布于新疆塔里木盆地的荒漠地区，是重要的防风固沙植物；具有极高的观赏价值，是干旱区城市绿化上乘的地被植物和盆景植物。

【繁殖方式】播种和分蘖繁殖。

139. 银杏（yín xìng）

【形态特征】银杏科银杏属落叶大乔木，高达40米。幼树树皮浅纵裂，大树之皮呈灰褐色。幼年及壮年树冠圆锥形，老则广卵形。主枝近轮生，枝有长枝、短枝之分；叶扇形，有二叉状叶脉，顶端常2裂，有长柄；互生于长枝而簇生于短枝上；雌雄异株，球花生于短枝顶端，雄球花4～6朵呈葇荑花序状，雌球花顶端有1～2枚胚珠；种子核果状，熟时淡黄或橙黄色。花期3—4月，果期9—10月。

【经济价值】银杏为中国特产世界著名树种，树姿雄伟壮丽，叶形秀美，春夏季叶色嫩绿，秋叶金黄，寿命极长，又少病虫害，适宜做庭荫树、行道树或独赏树；还是优良的用材树种与药用植物。

【繁殖方式】播种育苗、硬枝扦插、蘖芽分株。

140. 侧柏（cè bǎi）

【形态特征】柏科侧柏属，常绿乔木，高达20米；树皮淡灰褐色，条状纵裂；生鳞叶小枝扁平，排成一个平面；叶鳞形，交互对生；雌雄同株；球果幼时近肉质、蓝绿色，成熟时木质、褐色，种鳞背部顶端有一弯曲的钩状尖头；球果9—10月成熟。

【经济价值】侧柏树姿优美，耐修剪，生长较慢，寿命长，各地常栽为庭院观赏树和绿篱；材质致密坚重，有香气，耐腐朽，为优良用材树种，是北方重要造林树种；枝叶和种子（柏子仁）入药。

【繁殖方式】播种繁殖。

141. 金黄球柏（jīn huáng qiú bǎi）

【形态特征】柏科侧柏属的矮型灌木。树冠近于球形，小枝扁平，排成一个平面；叶鳞形，交互对生，枝端之叶全年金黄色；雌雄同株，球果卵形。

【经济价值】金黄球柏树形紧密，树冠圆满，叶色金黄，耐修剪，常用做绿篱或造型。

【繁殖方式】播种、组培繁殖。

142. 圆柏（yuán bǎi）

【形态特征】柏科圆柏属，常绿乔木，高达20米。树皮灰褐色，纵裂成窄长条状，小枝近圆柱形或方形；叶二型，幼树和萌发枝具刺形叶，2叶轮生，壮龄树多具鳞形叶，对生。球果近球形，熟时暗褐色，被白粉。花期3—4月，球果翌年4—9月成熟。

【经济价值】圆柏树姿优美，耐修剪，冬季颜色不变褐色或黄色，各地普遍栽为庭园观赏树。木材坚韧致密，有香气，耐腐朽，为优良用材树种；枝叶可提取芳香油。

【繁殖方式】扦插、压条、播种繁殖。

143. 龙柏（lóng bǎi）

【形态特征】柏科刺柏属，常绿乔木。树冠圆柱状或柱状塔形；枝条向上直展，常有扭转上升之势，小枝密、在枝端成几相等长之密簇；鳞叶排列紧密，幼嫩时淡黄绿色，后呈翠绿色；球果蓝色，微被白粉。

【价值与文化】龙柏树形优美，枝叶碧绿青翠，枝条长大时呈螺旋状伸展，向上盘曲，好像盘龙姿态，故名“龙柏”；常用于庭院绿化或是公路中央隔离带。

【繁殖方式】播种、扦插和嫁接繁殖。

144. 水杉（shuǐ shān）

【形态特征】杉科水杉属，落叶乔木。植株高大，幼树树冠尖塔形；叶条形羽状对生，绿色；雌雄同株；球果下垂，近四棱状球形或矩圆状球形，成熟前绿色，熟时深褐色；种子扁平，倒卵形，周围有翅；花期2月下旬。

【价值与文化】水杉姿态优美，叶色翠绿秀丽，生长迅速，是优良的庭院观赏树与园林绿化树种。水杉属于古老的孑遗植物，早在一亿多年前的中生代白垩纪及新生代，水杉的祖先就诞生了，是植物中的活化石。

【繁殖方式】播种、扦插繁殖。

145. 二乔玉兰（èr qiáo yù lán）

【形态特征】木兰科玉兰属，落叶乔木。叶倒卵形至卵状长椭圆形，花大、钟状，内面白色，外面淡紫，有芳香；叶前开花。

【应用价值】为玉兰与木兰的杂交种，国内外庭院中栽培普遍，有较多的变种与品种，均为观赏树种。花期2—3月，果期8—9月。

【繁殖方式】嫁接、播种繁殖。

146. 紫叶小檗（zǐ yè xiǎo bò）

【形态特征】小檗科小檗属，落叶灌木。叶小，全缘，菱状卵形，紫红色到鲜红色；花黄色；伞形花序；浆果，红色，椭圆形；花期4—6月，果期7—10月。

【应用价值】叶色常年呈紫红色，耐修剪，园林中常用作彩叶篱或造型。

【繁殖方式】播种、扦插或压条繁殖。

147. 一球悬铃木（yī qiú xuán líng mù）（美国梧桐）

【形态特征】悬铃木科悬铃木属，落叶大乔木，高达40余米。树皮呈小块状剥落；叶大、阔卵形；花通常聚成圆球形头状花序；头状果序圆球形。花期5月上旬，果期9—10月。

【应用价值】原产北美洲，现广泛引种栽培，树形雄伟端正，冠大荫浓、生命力强、耐粗放管理，繁殖容易，生长迅速，壮观美丽，园林中常用作行道树、园景树、风景林等。

【繁殖方式】播种、扦插繁殖。

148. 杜仲（dù zhòng）

【形态特征】杜仲科杜仲属，落叶乔木。树皮灰褐色，粗糙；老枝有明显的皮孔；叶椭圆形，薄革质；花生于当年枝基部；翅果扁平，长椭圆形，周围具薄翅；坚果，种子扁平，两端圆形；早春开花，秋后果实成熟。

【价值与文化】树干端直，枝叶茂密，树形整齐优美，是良好的庭荫树、行道树、绿化造林树种；因植物体各部含有胶丝，被称为“中国橡胶树”；杜仲树皮是著名药材。

【繁殖方式】种子、扦插繁殖等。

149. 榆树（yú shù）（家榆）

【形态特征】榆科榆属，落叶乔木。树皮暗灰色，叶椭圆状卵形、长卵形、椭圆状披针形或卵状披针形；花先叶开放，在去年生枝的叶腋成簇生状；翅果近圆形，稀倒卵状圆形，初淡绿色，后白黄色；花果期 3—6 月。

【应用价值】榆树树干通直，树形高大，绿荫较浓，适应性强，生长快，是城乡绿化的重要树种，适用于行道树、庭荫树、防护林及“四旁”绿化用；嫩叶、幼果可食。

【繁殖方式】播种、扦插繁殖。

150. 裂叶榆（liè yè yú）

【形态特征】榆科榆属，落叶乔木。树皮淡灰褐色或灰色，浅纵裂；叶倒卵形、倒三角状、倒三角状椭圆形或倒卵状长圆形，先端常 3 ～ 7 裂，裂片三角形，渐尖或尾尖；叶面密生硬毛，叶背被柔毛；花果期 4—5 月。

【应用价值】园林绿化中常作行道树或庭荫树。

【繁殖方式】播种、嫁接繁殖。

151. 圆冠榆（yuán guàn yú）

【形态特征】榆科榆属，落叶乔木树冠密，近圆形，基部枝条偏斜向上；叶卵形，先端渐尖，花在上年生枝上排成簇状聚伞花花序；翅果倒卵形，除顶端缺口柱头面被毛外，余处无毛。花果期 4—5 月。

【价值与文化】主干端直，绿荫浓密，树形优美，对温差较大且降雨量少的地区有很强的适应性，是绿化树种之精品，是喀什市的市树。

【繁殖方式】常以白榆为砧木嫁接繁殖。

152. 金叶榆（jīn yè yú）

【形态特征】榆科榆属，落叶乔木。单叶互生，叶片金黄色，边缘具锯齿；花两性，簇生；翅果近圆形。花期 4—5 月；果期 6—7 月。

【价值与文化】其叶片金黄，娇艳喜人，人们爱称它为“美人榆”“金叶榆”；又因其源于中国，人们便称之为“中华金叶榆”。城乡绿化的重要树种，可用作行道树、庭荫树等。

【繁殖方式】嫁接和扦插繁殖。

153. 大果榆（dà guǒ yú）

【形态特征】榆科榆属，落叶乔木或灌木。枝淡褐黄色，稀淡红褐色；叶倒卵形，厚革质，两面粗糙，叶被毛；花簇生聚伞花序或散生于新枝的基部；翅果大，近圆形，长 1.5 ～ 4.7（常 2.5 ～ 3.5）cm，宽 1 ～ 3.9（常 2 ～ 3）cm，两面及边缘有毛，果核位于翅果中部；花果期 4—5 月。

【经济价值】树冠大，适于城市及乡村四旁绿化；优良的用材树种，木材坚硬致密，不易开裂，纹理美观，可供家具、车辆等用。

【繁殖方式】播种、嫁接繁殖。

154. 枫杨（fēng yáng）

【形态特征】胡桃科枫杨属，大乔木。幼树树皮平滑，浅灰色，老时则深纵裂；羽状复叶，互生，叶轴具窄翅，小叶叶缘有细锯齿；花单性同株，雌雄花均组成葇荑花序；坚果具2小苞片发育而成之翅。花期4—5月，果熟期8—9月。

【应用价值】枫杨树冠宽广，枝叶茂密，生长快，适应性强，广泛栽植作园庭树或行道树。

【繁殖方式】播种繁殖。

155. 夏栎（xià lì）（夏橡）

【形态特征】壳斗科栎属，落叶乔木，树高可达40米。叶片长倒卵形至椭圆形，边缘波状；壳斗钟形，小苞片三角形，排列紧密，被灰色细绒毛；坚果卵形或椭圆形，无毛；果脐内陷；花期3—4月，果期9—10月。

【应用价值】可观果和叶，常作风景树，也可栽植作庭荫树，木材坚重，是新疆地区有发展前途的造林树种。

【繁殖方式】播种繁殖。

156. 白桦（bái huà）

【形态特征】桦木科桦木属乔木；树皮灰白色，成层剥裂；枝条暗灰色或暗褐色，无毛，具或疏或密的树脂腺体或无；叶厚纸质，边缘具重锯齿；小坚果狭矩圆形、矩圆形或卵形。

【应用价值】枝叶扶疏，姿态优美，尤其是树干修直，洁白雅致，十分引人注目。孤植、丛植于庭园、公园之草坪、池畔、湖滨或列植于道旁均颇美观。若在山地或丘陵坡地成片栽植，可组成美丽的风景林。

【繁殖方式】播种、扦插和压条繁殖。

157. 木槿（mù jǐn）

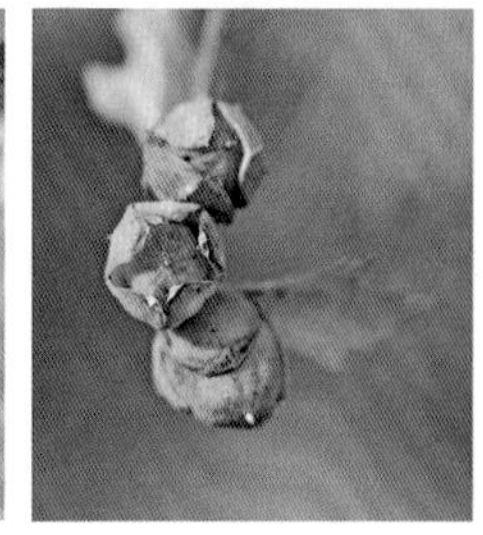

【形态特征】锦葵科木槿属，落叶灌木。叶菱形至三角状卵形，具深浅不同的 3 裂或不裂，先端钝，基部楔形；花单生于枝端叶腋间，单瓣或重瓣，钟形，淡紫色，花瓣倒卵形；蒴果卵圆形，密被黄色星状绒毛；种子肾形，背部被黄白色长柔毛；花期 7—10 月。

【价值与文化】木槿花朝开暮落，又叫朝开暮落花；木槿夏秋开花，花期长而花朵大，是优良的夏秋观花树种，常作围篱及基础种植材料；全株各部均可入药，有清热、凉血、利尿等功效。

【繁殖方式】种子、分株繁殖。

158. 馒头柳（mán tóu liǔ）

【形态特征】杨柳科柳属，落叶乔木，为旱柳变型，与原种区别为分枝密集，树冠半圆形，如同馒头状。

【经济价值】树姿端庄，枝密遮阴，是北方地区主要园林绿化树种。

【繁殖方式】扦插繁殖。

159. 竹柳（zhú liǔ）

【形态特征】杨柳科柳属，乔木。树冠塔形，冠较窄；树干通直，尖削度小，树皮幼时绿色，皮孔很小且光滑；单叶互生，叶披针形，花期4月。因其形态、侧枝与竹子有些相似，故名“竹柳”。

【应用价值】竹柳树形舒展，姿态优美，不仅是很好的水土保持树种，还是良好的园林观赏树种。

【繁殖方式】扦插繁殖。

160. 香茶藨子（xiāng chá biāo zǐ）（黄丁香）

【形态特征】茶藨子科茶藨子属，落叶灌木。小枝灰褐色；单叶互生，掌状 3～5 深裂，裂片形状不规则；花两性，芳香，花萼黄色，或仅萼筒黄色微带浅绿色晕，花瓣浅红色；果实球形，熟时黑色；花期 5 月，果期 7—8 月。

【价值与文化】花朵繁密，花色鲜艳，花时香气四溢，花形与花期与丁香类似，又称黄丁香，是北部盐碱地区不可多得的优良庭园绿化用材。

【繁殖方式】种子、插条繁殖。

161. 西府海棠（xī fǔ hǎi táng）

【形态特征】蔷薇科苹果属，小乔木。树枝直立性强；叶片长椭圆形或椭圆形；伞形总状花序，花瓣近圆形或长椭圆形，粉红色；果实近球形，红色，果柄细长；花期 4—5 月，果期 8—9 月。

【价值与文化】中国的著名观赏花木，中国传统庭院配置中“玉棠富贵”中的棠即指海棠，园林中适用范围广；也可作盆栽及切花材料；果可食。

【繁殖方式】嫁接或分株繁殖。

162. 木瓜海棠（mù guā hǎi táng）（贴梗海棠）

【形态特征】蔷薇科木瓜海棠属，落叶灌木至小乔木。枝条直立，具短枝刺；叶片椭圆形至倒卵披针形；花先叶开放，花梗短或近于无梗，花瓣倒卵形或近圆形，淡红色或白色；果实卵球形，味芳香；花期3—5月，果期9—10月。

【经济价值】早春叶前开花，鲜艳美丽，春赏花，秋观果，枝型奇特，集药用、食用、保健、观赏价值于一身，是园林景观布局的上好树种，具有较高经济开发价值。

【繁殖方式】播种、分株、扦插繁殖。

163. 杜梨（dù lí）

【形态特征】蔷薇科梨属落叶乔木。树冠开展，枝常具刺；叶片菱状卵形长圆卵形，边缘有粗锐锯齿，幼叶上下两面均密被灰白色绒毛；伞形总状花序，花瓣白色，雄蕊花药紫色；果实近球形，熟时褐色；花期4月，果期8—9月。

【经济价值】杜梨抗干旱，耐寒凉，结果期早，寿命长，通常作各种栽培梨的砧木；是华北、西北防护林及沙荒造林树种；春季白花满树，也常植于庭园观赏；木材致密可作各种器物。

【繁殖方式】播种繁殖。

164. 阿尔泰山楂（ā ěr tài shān zhā）（黄果山楂）

【形态特征】蔷薇科山楂属，中型乔木。高 3 ～ 6 米，大树树皮窄长条旋转剥裂，小枝紫褐色或红褐色；单叶互生，叶片宽卵形或三角卵形；复伞房花序，花瓣近圆形，白色；果实球形，金黄色，果肉粉质；花期 5—6 月，果期 8—9 月。

【经济价值】树冠整齐，花繁叶茂，是观花、观果和园林结合生产的良好绿化树种。可作庭荫树和园路树。

【繁殖方式】播种、扦插繁殖。

165. 紫叶李（zǐ yè lǐ）

【形态特征】蔷薇科李属，灌木或小乔木。多分枝，小枝暗红色；叶片椭圆形、卵形，先端急尖，叶紫红色；花瓣粉白色，核果近球形或椭圆形，红色，微被蜡粉；花期 4 月，果期 8 月。

【经济价值】优良的色叶树种，可孤植，也可列植于道路或建筑物旁。

【繁殖方式】扦插、芽接、压条繁殖。

166. 紫叶桃（zǐ yè táo）

【形态特征】蔷薇科桃属落叶小乔木。小枝红褐色或褐绿色，无毛；单叶互生，叶紫红色，椭圆状披针形，缘有细锯齿，叶柄有腺体；花单生，有单瓣、重瓣，红色、粉红色、紫色，先叶开放；核果小，近球形，表面有茸毛，无食用价值。花期3—4月，果期8—9月。

【经济价值】园林绿化树种。

【繁殖方式】嫁接繁殖。

167. 榆叶梅（yú yè méi）

【形态特征】蔷薇科桃属落叶灌木。枝条开展，具多数短小枝；叶宽椭圆形至倒卵形，叶端尖或有的3浅裂，缘具粗重锯齿，两面多少有毛；花先叶开放，单瓣或重瓣，粉红色；核果近球形，红色，外被短柔毛；花期4—5月，果期5—7月。

【应用价值】早春开花，花感强烈，北方园林中广泛应用以反映春光明媚、花团锦簇的欣欣向荣景象，可丛植，或与连翘配植；亦可作盆栽、切花或催花材料。

【繁殖方式】嫁接、播种繁殖。

168. 美人梅（měi rén méi）

【形态特征】蔷薇科李属落叶小乔木。重瓣粉型梅花与红叶李杂交而成，叶片卵圆形，紫红色，卵状椭圆形；花粉红色半重瓣或重瓣，花叶同放，繁密有香味；果实球形，红色；花期 3—4 月；果期 5—6 月。

【应用价值】重要的园林观花观叶树种。果实较大，果肉较厚，味甘甜，可食用。

【繁殖方式】压条、嫁接繁殖。

169. 日本晚樱（rì běn wǎn yīng）

【形态特征】蔷薇科樱属落叶小乔木。小枝粗壮无毛；叶片倒卵形或椭圆形，边缘有长芒状重锯齿；叶柄上部有一对腺体；花总梗短，伞房花序，花形大而芳香，单瓣或重瓣，常下垂，花瓣先端凹形，粉红色或近白色；核果球形或卵球形，紫黑色；花期 4 月，果期 5—6 月。

【应用价值】园林中重要的观花植物。

【繁殖方式】常嫁接繁殖。

170. 紫叶矮樱（zǐ yè ǎi yīng）

【形态特征】蔷薇科李属，落叶灌木或小乔木。是紫叶李和矮樱的杂交种。枝条幼时紫褐色；叶长卵形，紫红色或深紫红色，新叶鲜紫红色；花单生，淡粉红色，花瓣5片，微香，雄蕊多数，花期4—5月。

【应用价值】紫叶矮樱是城市园林绿化优良的彩叶配置树种，用作高位色带效果最佳。亦耐强修剪，而且越修剪叶色越艳，是制作绿篱、色带、色球等的上选之材。

【繁殖方式】嫁接和扦插繁殖。

171. 稠李（chóu lǐ）

【形态特征】蔷薇科稠李属，落叶小乔木。小枝紫褐色；单叶互生，叶卵状长椭圆形至倒卵形，叶缘有锯齿，叶柄顶端或叶基部常有2腺体；总状花序顶生，基部有叶；花小，白色，芳香；核果近球形。花期4—5月；果期5—10月。

【经济价值】花序长而美丽，秋叶变黄红色，果成熟时亮黑色，是一种耐寒性较强的观赏树和蜜源树种。木材优良；叶可入药，有镇咳之效。

【繁殖方式】播种繁殖。

172. 天山花楸（tiān shān huā qiū）

【形态特征】蔷薇科花楸属，灌木或小乔木；小枝粗壮，褐色或灰褐色，嫩枝红褐色；奇数羽状复叶，卵状披针形；复伞房花序大形；花瓣卵形或椭圆形，白色。果实球形，鲜红色。花期 5—6 月，果期 9—10 月。

【应用价值】可观花、观果，枝叶形态美观，叶秋季变为红色，是良好的园林观赏树种；果实、嫩枝和皮均可入药。

【繁殖方式】播种繁殖。

173. 月季花（yuè jì huā）（月季）

【形态特征】蔷薇科蔷薇属，常绿、半常绿直立灌木。小枝有短粗的钩状皮刺或无刺；羽状复叶无毛，花几朵集生，稀单生；花瓣重瓣至半重瓣，花色繁多，以红色为主，其他有白、黄、粉红、玫瑰红等，纯色至杂色；果卵球形，红色；花期4—9月，果期6—11月。

【价值与文化】月季花以一年四季不分春、夏、秋、冬皆能见花而得名，色艳丽，花期长，是南北园林中使用次数最多的一种花卉。宜作花坛、花境及基础栽植与配植，又可作盆栽及切花用。花、叶及根均可药用，有活血祛淤、拔毒消肿之效。

【繁殖方式】播种、扦插繁殖。

174. 玫瑰（méi guī）

【形态特征】蔷薇科蔷薇属，灌木。茎粗壮，丛生；小枝密被茸毛，有皮刺；羽状复叶，小叶5枚，椭圆形或倒卵形，叶脉下陷，有褶皱，密被茸毛和腺毛，托叶大部贴生叶柄；花单生或数朵簇生；花瓣倒卵形，重瓣至半重瓣，具芳香，紫红色至白色；果扁球形，砖红色，肉质；花期5—6月，果期8—9月。

【经济价值】色艳花香，适应性强，玫瑰是世界著名的观赏植物之一，庭园普遍栽培；玫瑰花可作香料和提取芳香油；花蕾及根入药，有理气、活血、收敛等效。

【繁殖方式】分株、扦插繁殖。

175. 黄刺玫（huáng cì méi）

【形态特征】蔷薇科蔷薇属，落叶灌木。枝密集，有皮刺；羽状复叶，小叶宽卵形，有圆钝锯齿；花单生，黄色，单瓣或重瓣，花瓣宽倒卵形；果实近球形，熟时紫褐色；花期4—6月，果期7—8月。

【应用价值】春天开金黄色花朵，花期较长，宜于草坪、林缘、路边丛植，也可作绿篱及基础种植。

【繁殖方式】分株繁殖。

176. 天山祥云（tiān shān xiáng yún）

【形态特征】蔷薇科蔷薇属，半直立型落叶灌木，人工培育品种。株高250厘米以上，长枝条略下弯；皮刺为斜直刺；羽状复叶，小叶椭圆形，叶缘浅锯齿；花5～10朵聚生，粉红色；花平瓣；花形盘状，花芳香。花期5—6月；果期7—9月。

【应用价值】观花植物，适宜在城乡公共绿地、住宅绿地、单位庭院等区域做孤植、列植、丛植、片植，还可作装饰花篱、花廊、门廊等用。

【繁殖方式】扦插繁殖。

177. 珍珠梅（zhēn zhū méi）

【形态特征】蔷薇科珍珠梅属，灌木。枝条开展；羽状复叶；顶生大型密集圆锥花序；花瓣长圆形或倒卵形，白色；蓇葖果长圆形；花期7—8月，果期9月。

【价值与文化】珍珠梅因其花蕾圆如珍珠，花开似梅而得名；其株丛丰满、白花清雅，花期很长，通常成丛栽植在草坪边缘或路旁，亦可单行栽成自然式绿篱，又是适合庭园背阴处种植的重要观赏花木之一。

【繁殖方式】播种、扦插、压条繁殖。

178. 粉花绣线菊（fěn huā xiù xiàn jú）

【形态特征】蔷薇科绣线菊属，直立灌木。叶片卵形至卵状椭圆形，复伞房花序；花朵密集，密被短柔毛；花瓣卵形至圆形，先端通常圆钝，粉红色；蓇葖果半开张；花期6—7月，果期8—9月。

【应用价值】花色娇艳，花朵繁多，可在花坛、花境、草坪及园路角隅等处构成夏日佳景，亦可作基础种植之用。

【繁殖方式】分株、扦插或播种繁殖。

179. 合欢（hé huān）

【形态特征】豆科合欢属，落叶乔木。树冠开展；二回偶数羽状复叶，小叶刀形；头状花序于枝顶排成圆锥花序；花多粉红色；荚果带状；花期6—7月；果期8—10月。

【价值与文化】树形开张，树姿优美，夏季花开时节色香俱佳，绒花满树，又称“绒花树”“马缨花”，宜作庭荫树、观赏树、行道树；树皮及花入药，能安神、活血、止痛。

【繁殖方式】播种繁殖。

180. 美国皂荚（měi guó zào jiá）（三刺皂荚）

【形态特征】豆科皂荚属，落叶乔木，高可达45米。刺粗壮，呈圆锥状；羽状复叶纸质，卵状披针形至长圆形；总状花序黄白色；花序腋生或顶生；荚果带状，绿色至褐色，种子长圆形，棕色；花期3—5月；果期5—12月。

【经济价值】树冠广宽，叶密荫浓，宜作庭荫树及“四旁”绿化或造林用。果荚富含肥皂质，故可煎汁代替肥皂用；种子榨油，作滑润剂及制肥皂，种子又有治癣及通便秘之效；皂刺入药，有活血及治疮癣作用。

【繁殖方式】播种繁殖。

181. 湖北紫荆（hú běi zǐ jīng）（巨紫荆）

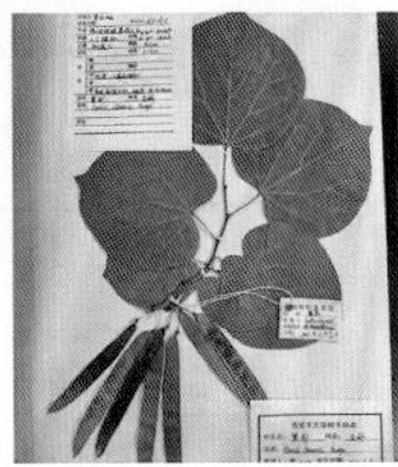

【形态特征】豆科紫荆属，小乔木，株高达16米。叶幼时常呈紫红色，成长后绿色，心形或三角状圆形；花紫红色或粉红色；荚果扁狭长形，紫红色至绿色；种子阔长圆形，黑褐色，光亮；花期3—4月，果期8—10月。

【应用价值】其花序大且稠密，花色艳丽，叶片心形，为观叶、观花、观果集一体的观赏植物；茎木、果、花、根可入药。

【繁殖方式】播种、分株、压条、嫁接繁殖。

182. 金枝国槐（jīn zhī guó huái）

【形态特征】豆科槐属，乔木，落叶乔木。树皮灰褐色，具纵裂纹；枝条金黄色；羽状复叶椭圆形，淡绿色或黄色；圆锥花序顶生，花冠黄色；荚果串珠状，果皮肉质，成熟后不开裂；种子椭圆形。花期 6—8 月，果期 8—10 月。

【应用价值】金枝国槐树木通体呈金黄色，富贵、美丽，是园林绿化的优良品种。

【繁殖方式】嫁接繁殖。

183. 五叶槐（wǔ yè huái）（蝴蝶槐）

【形态特征】豆科槐属乔木。树皮灰褐色，具纵裂纹；小叶簇生，集生于叶轴先端成为掌状，或仅为规则的掌状分裂，顶生小叶，侧生小叶下部常有大裂片；荚果念珠状；花期 6—8 月，果期 9—10 月。

【应用价值】叶形奇特，园林用途中宜独植而不宜多植。

【繁殖方式】扦插、嫁接繁殖。

184. 龙爪槐（lóng zhǎo huái）

【形态特征】豆科槐属，落叶乔木，是国槐的芽变品种，小枝下垂，大枝扭转。羽状复叶；圆锥花序顶生；荚果串珠状，果皮肉质成熟后不开裂；种子卵球形，淡黄绿色，干后黑褐色；花期7—8月，果期8—10月。

【应用价值】中国庭园绿化中的传统树种之一，富于民族特色的情调，常成对的用于配植门前或庭院中，又宜植于建筑前或草坪边缘。

【繁殖方式】嫁接繁殖。

185. 刺槐（cì huái）

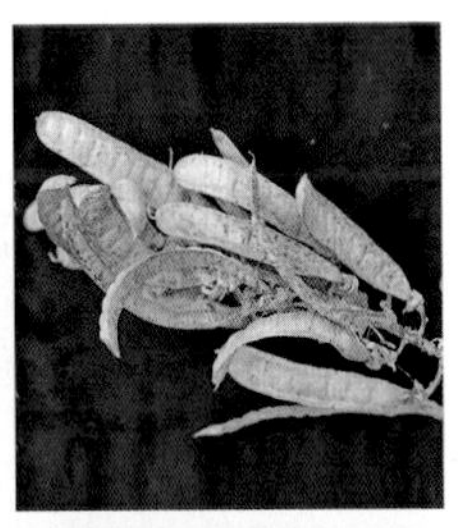

【形态特征】豆科刺槐属，落叶乔木。树皮灰褐色，深纵裂；枝条具托叶刺，奇数羽状复叶，小叶椭圆形或卵形，叶尖具小尖头；总状花序腋生，花蝶形，白色，芳香；荚果扁平；种子肾形，褐色。花期4—6月，果期8—9月。

【价值与文化】原产美国东部，17世纪传入欧洲及非洲，我国于18世纪末从欧洲引入青岛栽培，又名“洋槐”。根系浅而发达，易风倒，生长快，适应性强，萌芽力强，为优良固沙保土树种，荒山荒地绿化的先锋树种，也为速生薪炭林树种；刺槐树冠高大，叶色鲜绿，可作庭荫树及行道树。花量丰富，芳香宜人，是优良的蜜源植物；材质硬重，抗腐耐磨，可供枕木、车辆等用材。刺槐花蕾俗称“槐米”，可供食用。

【繁殖方式】播种繁殖。

186. 毛洋槐（máo yáng huái）（毛刺槐）

【形态特征】豆科刺槐属，落叶灌木。幼枝绿色，密被紫红色硬腺毛及白色曲柔毛；羽状复叶，叶轴被刚毛及白色短曲柔毛；总状花序腋生；花冠蝶形，红色至玫瑰红色；花期 5—10 月。

【应用价值】原产北美洲，花大色艳，花期长，观赏价值高，可丛植或孤植，高接者能形成小乔木状，作行道树。

【繁殖方式】嫁接繁殖。

187. 香花槐（xiāng huā huái）

【形态特征】豆科刺槐属，乔木。叶互生，羽状复叶椭圆形至卵状长圆形；总状花序密生；花被红色，芳香；花期 5 月、7 月或连续开花，花期长；不结实。

【应用价值】香花槐花大而色艳、芬芳，花期长，具有很高的观赏价值，是很好的园林观赏树种。

【繁殖方式】埋根、嫁接繁殖。

188. 紫穗槐（zǐ sùi huái）

【形态特征】豆科紫穗槐属，落叶灌木。小枝灰褐色；奇数羽状复叶，互生；穗状花序顶生或生于枝条上部叶腋，花冠紫色；荚果长圆形，成熟时，棕褐色；花果期 5—10 月。

【经济价值】紫穗槐原产美国，现中国北方栽培广泛；因其适应性强，是营造防风固沙林、护坡林，是盐碱地绿化的先锋树种；也可做蜜源植物与园林绿化树种。

【繁殖方式】播种和分株繁殖。

189. 红花锦鸡儿（hóng huā jǐn jī ér ）（金雀儿）

【形态特征】豆科锦鸡儿属，灌木。树皮绿褐色，小枝细长具托叶刺；叶假掌状，小叶楔状倒卵形，先端圆钝或微凹；花冠蝶形，黄色、紫红色或全部淡红色，凋零时变为红色；荚果圆筒形；花期 4—6 月，果期 6—7 月。

【应用价值】枝繁叶茂，花冠蝶形，黄色带红，形似金雀，园林中可丛植于草地或配植于坡地，山石旁，或作地被植物。

【繁殖方式】播种、扦插、分株繁殖。

190. 五叶地锦（wǔ yè dì jǐn）

【形态特征】葡萄科地锦属的木质藤本。小枝无毛；嫩芽为红或淡红色；卷须总状 5~9 分枝，嫩时顶端尖细而卷曲，遇附着物时扩大为吸盘；由 5 片叶片组成掌状复叶，叶片呈倒卵状椭圆形，外侧小有粗锯齿；花萼碟形，边缘全缘，无毛；花瓣长椭圆形；果实呈球形；种子呈倒卵形；花期 6~7 月；果期 8~10 月。

【经济价值】五叶地锦是垂直绿化主要树种之一，是绿化墙面、廊亭、山石或老树干的好材料，也可做地被植物。因其长势旺盛，常被用于高架桥下的立柱上。它对二氧化硫等有害气体有较强的抗性，也适合做工矿街坊的绿化材料。

【繁殖方式】扦插、压条、播种繁殖。

191. 紫薇（zǐ wēi）

【形态特征】千屈菜科紫薇属，落叶灌木或小乔木。枝干多扭曲，具 4 棱；叶互生，纸质，椭圆形或倒卵形；花淡红色、紫色或白色；顶生圆锥花序；蒴果椭圆状球形；种子有翅；花期 6—9 月，果期 9—12 月。

【应用价值】树形优美，枝条秀丽，在春夏之交开淡紫色花，香味浓郁，园林绿化应用广泛。

【繁殖方式】播种、扦插繁殖。

192. 红瑞木（hóng ruì mù）

【形态特征】山茱萸科梾木属，落叶灌木。树皮紫红色；叶对生，纸质，椭圆形；伞房状聚伞花序顶生；花小，白色或淡黄白色；核果长圆形，微扁，成熟时乳白色或蓝白色；花期6—7月；果期8—10月。

【应用价值】红瑞木的秋叶鲜红，秋果洁白，冬季落叶后枝干红艳，衬以白雪，分外美观，是难得的观茎植物，适宜丛植于庭园草坪、河畔堤岸处，或与常绿乔木间植，红绿相映成趣；又可栽作自然式绿篱，赏其红枝与白果。

【繁殖方式】播种、扦插繁殖。

193. 桃叶卫矛（táo yè wèi máo）（白杜、丝绵木）

【形态特征】卫矛科卫矛属落叶小乔木；小枝圆柱形；叶对生，卵状椭圆形、卵圆形，边缘具细锯齿；花淡白绿或黄绿色；蒴果熟时粉红色；假种皮橙红色，全包种子。花期5—6月，果期7—10月。

【应用价值】优良的观叶赏果树种；园林中孤植或丛植于草坪、斜坡、水边，或于山石间、亭廊边配植均甚合适；同时，也是绿篱、盆栽及制作盆景的好材料；枝上的木栓翅为活血化淤药。

【繁殖方式】播种和扦插繁殖。

194. 黄杨（huáng yáng）

【形态特征】黄杨科黄杨属，灌木或小乔木。枝圆柱形，有纵棱，灰白色；叶革质卵形，先端圆或钝，叶面光亮；花序腋生，头状；花密集，黄白色；蒴果近球形；花期 3 月，果期 5—6 月。

【应用价值】园林中常作绿篱，修剪成球形栽培，点缀山石或制作盆景。木材坚硬细密，是雕刻工艺的上等材料。

【繁殖方式】播种、扦插繁殖。

195. 鼠李（shǔ lǐ）

【形态特征】鼠李科鼠李属，灌木或小乔木。枝具顶芽，鳞片有白色缘毛；叶纸质，对生或近对生，宽椭圆形、卵圆形；花单性异株，有花瓣；核果球形，黑色；花期 5—6 月，果期 7—10 月。

【应用价值】枝密叶繁，可植于庭园观赏。木材坚实致密，可作家具、车辆及雕刻等。种子榨油供润滑用；果肉入药；树皮及果可作黄色染料。

【繁殖方式】播种繁殖。

196. 栾（luán）（栾树）

【形态特征】无患子科栾属，落叶乔木或灌木。叶丛生于当年生枝上，平展，一回、不完全二回羽状复叶；聚伞圆锥花序，密被微柔毛；分枝长而广展；蒴果圆锥形，果皮膜质；花期6—8月，果期9—10月。

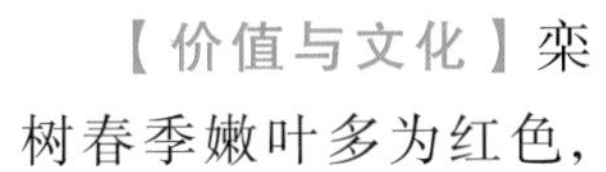

【价值与文化】栾树春季嫩叶多为红色，夏季黄花满树，入秋叶色变黄，果实紫红，形似灯笼，又名“灯笼树”、“摇钱树”，春观叶、夏观花、秋冬观果，广泛用作庭荫树、行道树及园景树，也可做防护林、水土保持及荒山绿化树种。

【繁殖方式】播种繁殖。

197. 七叶树（qī yè shù）

【形态特征】无患子科七叶树属，落叶乔木。树皮深褐色；掌状复叶，小叶常7枚；花序圆筒形；花杂性，雄花与两性花同株；果实球形或倒卵圆形，黄褐色，无刺，具很密的斑点；种子近球形，栗褐色；花期4—5月，果期10月。

【应用价值】世界著名观赏树种，可作庭荫树与行道树。

【繁殖方式】种子繁殖。

198. 火炬树（huǒ jù shù）

【形态特征】漆树科盐肤木属，落叶小乔木。小枝密生灰色绒毛；奇数羽状复叶，长椭圆状，缘有锯齿；圆锥花序顶生、密生茸毛，花淡绿色；核果深红色，密生茸毛，密集成火炬形；花期6—7月，果期8—9月。

【应用价值】因雌花序和果序均红色且形似火炬而得名，秋季叶色红艳或橙黄，是著名的秋色叶树种，是优良的观赏、造林绿化树种。

【繁殖方式】播种、分蘖繁殖。

199. 阿月浑子（ā yuè hún zǐ）（开心果）

【形态特征】漆树科黄连木属小乔木。高 5~7 米；小枝粗壮，圆柱形，具条纹；顶生小叶较大，侧生小叶基部常不对称，叶面无毛，叶背疏被微柔毛；叶无柄或几无柄。花序轴及分枝被微柔毛，具条纹，雄花序宽大，花密集；子房卵圆形，果较大，长圆形，成熟时黄绿色至粉红色。

【价值与文化】新疆喀什地区因其干旱的气候、光照强烈，降水稀少及独特的土壤，是中国唯一能够种植阿月浑子的地方。开心果除单吃和制成点心和糕点外，在医药上也有广泛的用途，果实可入药，具有温肾，暖脾的功效，在《本草拾遗》《海药本草》等本草书籍上有记载。其木材细致、坚固，色泽美丽，可制精美的家具和细木工艺品。阿月浑子在国际市场上与巴旦木（即扁桃）同被视为坚果中的上品，具有很高的经济价值。

【繁殖方式】播种、分株（分蘖）、压条和嫁接繁殖。

200. 五角枫（wǔ jiǎo fēng）

【形态特征】无患子科槭属，落叶乔木。树皮灰褐色，深纵裂；叶纸质，裂片三角卵形或披针形；伞房花序淡黄色或淡白色；双翅果嫩时淡绿色，成熟时淡黄色或淡褐色，坚果压扁状，翅长圆形；花期4月，果期8月。

【应用价值】著名观叶树种，与其他秋色叶树种或常绿树配植，彼此衬托掩映，可增加秋景色彩之美。也可用做庭荫树、行道树或防护林。

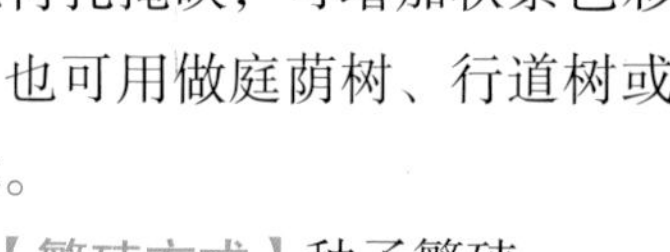

【繁殖方式】种子繁殖。

201. 茶条槭（chá tiáo qì）

【形态特征】无患子科槭属，落叶灌木或小乔木。树皮微纵裂，灰色；叶片长圆卵形，裂片边缘具不整齐的钝尖锯齿；伞房花序；花杂性，雄花与两性花同株；双翅果，果实黄绿色或黄褐色，脉纹显著；花期5月，果期10月。

【应用价值】优良的观叶观果树种，可作庭园观赏，点缀园林山景或作行道树。

【繁殖方式】播种、扦插繁殖。

202. 臭椿（chòu chūn）

【形态特征】苦木科臭椿属，落叶乔木，高可达30米。树皮平滑而有直纹；叶为奇数羽状复叶，小叶基部具有1～3对腺齿，揉碎后具臭味；圆锥花序，花淡绿色；翅果，种子位于翅中间；花期4—5月，果期8—10月。

【应用价值】绿化树和行道树，良好的观赏树和庭荫树，抗逆性强，是工矿区绿化、山地造林的的良好树种。

【繁殖方式】播种、扦插繁殖。

203. 金叶莸（jīn yè yóu）

【形态特征】马鞭草科莸属，人工培育的落叶灌木。枝条圆柱形；单叶对生，叶长卵形，始终为金黄色；花蓝紫色；聚伞花序；花期7—9月。

【应用价值】春夏一片金黄，秋天蓝花一片，色感效果好，观赏价值高，是点缀夏秋景色的好品种，园林中片植，做色带、色篱、地被、组团效果均佳。

【繁殖方式】播种、扦插繁殖。

204. 美国白蜡（měi guó bái là）

【形态特征】木樨科梣属，落叶乔木，高达25米。奇数羽状复叶对生，小叶大形，顶端中央小叶特大，小叶几无柄；聚伞圆锥花序生于上年生枝叶腋，雌雄异株，翅果基部不下延，不扭转。花期4—5月，果期9—10月。

【应用价值】可作庭荫树或行道树；材质细密坚固，是珍贵的用材树种。

【繁殖方式】播种繁殖。

205. 新疆小叶白蜡（xīn jiāng xiǎo yè bái là）

【形态特征】木樨科梣属，落叶乔木，高达25米。奇数羽状复叶三枚轮生，小叶小，小叶柄显著；聚伞圆锥花序生于去年生枝，雌雄异株，翅果基部下延，强度扭曲。花期4—5月，果期7—9月。

【价值与文化】树形优美，树干高大挺拔，为优良的行道树和遮荫树；木材坚韧有弹性，为建筑、纺织、车辆、家具优良用材，树叶可作饲料和肥料，是用材林、农田防护林的首选树种。新疆小叶白蜡国家级自然保护区位于新疆伊犁哈萨克自治州伊宁县。

【繁殖方式】扦插、种子繁殖。

206. 连翘（lián qiào）

【形态特征】木樨科连翘属，落叶灌木。枝开展或下垂，棕色或淡黄褐色；常单叶对生，叶片卵形，上面深绿色，下面淡黄绿色；花通常单生或簇生于叶腋，先于叶开放；花冠黄色；果卵球形，先端喙状渐尖，表面疏生皮孔；花期3—4月，果期7—9月。

【应用价值】北方常见优良的早春观花灌木，宜丛植、作花篱或作基础种植；根系发达，可做水土保持植物。

【繁殖方式】种子、扦插、压条和分株繁殖。

207. 紫丁香（zǐ dīng xiāng）

【形态特征】木樨科丁香属，灌木或小乔木。树皮灰褐色或灰色；叶革质或厚纸质，卵圆形；花冠紫色，花冠筒圆柱形；蒴果，成熟时开裂；花期4—5月，果期6—10月。

【价值与文化】紫丁香是中国特有的名贵花木，已有1000多年的栽培历史；植株丰满秀丽，枝叶茂密，花美而香，是中国北方各地园林中应用最普遍的花木之一。

【繁殖方式】播种、扦插、嫁接、分株、压条繁殖。

208. 暴马丁香（bào mǎ dīng xiāng）

【形态特征】木樨科丁香属，落叶小乔木或大乔木。叶片厚纸质，宽卵形、卵形，先端短尾尖；圆锥花序，花冠白色，花冠裂片卵形，先端锐尖；花药黄色；果长椭圆形；花期6—7月。

【价值与文化】园林绿化树种，在中国西北的甘肃、青海、西藏等地被人们称为“西海菩提树”，花语为“忠实的信仰”；树皮、树干及枝条供药用。

【繁殖方式】播种、扦插繁殖。

209. 小叶女贞（xiǎo yè nǚ zhēn）

【形态特征】木樨科女贞属，灌木或乔木。树皮灰褐色；花白色；叶片常绿，革质全缘，卵形、长卵形；圆锥花序顶生，花小，米白色；果肾形，成熟时呈红黑色，被白粉；花期5—7月，果期7月至翌年5月。

【应用价值】常修剪作绿篱。

【繁殖方式】播种、扦插繁殖。

210. 金叶女贞（jīn yè nǚ zhēn）

【形态特征】木樨科女贞属半常绿灌木，为金边女贞与欧洲女贞的杂交种。单叶对生，薄革质，椭圆形或卵状椭圆形，先端尖，新叶金黄色，老叶黄绿色至绿色；总状花序，花呈筒状白色小花；核果椭圆形，内含一粒种子，颜色为黑紫色；花期 5—6 月，果期 10 月。

【应用价值】叶色金黄，观赏性佳，常片植、丛植，或做绿篱栽培。

【繁殖方式】播种、嫁接繁殖。

211. 水蜡（shuĭ là）

【形态特征】木樨科女贞属，落叶多分枝灌木。单叶对生，叶纸质，长椭圆形或倒卵状长椭圆形圆锥花序着生于小枝顶端，花白色；果近球形或宽椭圆形，成熟时紫黑色。

【应用价值】枝叶紧密、圆整、耐修剪，园林中主要作绿篱或造型树，北方应用广泛。

【繁殖方式】播种、扦插和分株繁殖。

212. 木犀（mù xī）（桂花）

【形态特征】木樨科木樨属，常绿乔木或灌木。树皮灰褐色；叶片革质，椭圆形；聚伞花序簇生于叶腋；花冠黄白色、淡黄色、黄色或橘红色；果歪斜，椭圆形，紫黑色；花期9月至10月上旬，果期翌年3月。

【应用价值】园林观赏树木，可观花且花香，主要应用到行道树、景观树、荒山造林树和公园美化树种植。

【繁殖方式】扦插繁殖。

213. 接骨木（jiē gǔ mù）

【形态特征】五福花科接骨木属，落叶灌木或小乔木。老枝淡红褐色；羽状复叶，侧生小叶片卵圆形、狭椭圆形至倒矩圆状披针形；圆锥形聚伞花序顶生，果实卵圆形或近圆形，成熟时红色；花期4—5月，果熟期9—10月。

【应用价值】园林中可配置于园路、草坪、水溪等处。因抗污染性强，可作工厂绿化树种；萌蘖性强，生长旺盛，也可用作花果篱。

【繁殖方式】播种、扦插繁殖。

214. 欧洲荚蒾（ōu zhōu jiá mí）

【形态特征】五福花科荚蒾属，落叶灌木。单叶对生，通常 3 裂，掌状 3 出脉，小枝上部叶片浅裂或不分裂，复伞形式聚伞花序稠密；花冠白色，辐状；果实红色，椭圆状卵圆形；核扁卵形；花期 5—6 月，果熟期 9—11 月。

【应用价值】花白色、清雅而繁密，花期较长，是一种开发价值很高的野生观赏植物。

【繁殖方式】播种繁殖。

215. 毛地黄（máo dì huáng）

【形态特征】玄参科毛地黄属，二年生或多年生草本。茎单生或数条成丛；基生叶成莲座状，叶柄具狭翅；叶片卵形或长椭圆形，先端尖或钝，基部渐狭，边缘具带短尖的圆齿，少有锯齿；叶柄短直至无柄而成为苞片；花期 5—6 月。

【经济价值】花形奇特，为优良的观花植物。可丛植、片植于公园、庭园的绿地，也可应用于花坛、花境，还可盆栽观赏。

【繁殖方式】播种繁殖。

216. 白花泡桐（bái huā pào tóng）

【形态特征】玄参科泡桐属，乔木。树冠圆锥形；叶片长卵状心形，叶片下面密被茸毛；花冠管状漏斗形，白色；蒴果长圆形或长圆状椭圆形，果皮木质；花期 3—4 月，果期 7—8 月。

【应用价值】适于庭园、公园、广场、街道作庭荫树或行道树。

【繁殖方式】播种、扦插繁殖。

217. 黄金树（huáng jīn shù）

【形态特征】紫葳科梓属，乔木。树冠伞状；叶卵心形至卵状长圆形，圆锥花序顶生，花冠白色，喉部有 2 黄色条纹及紫色细斑点；蒴果圆柱形，幼时绿色，熟时黑色；种子椭圆形，两端有极细的白色丝状毛。花期 5—6 月，果期 9—10 月。

【应用价值】果皮经冬不落。株形优美，白花满树，可做庭荫树及行道树。

【繁殖方式】播种繁殖。

218. 梓（zǐ）（梓树）

【形态特征】紫葳科梓属，乔木。树冠伞形；叶对生或近对生，有时轮生，阔卵形；顶生圆锥花序；花冠钟状，淡黄色；蒴果线形；种子长椭圆形，两端具平展的长毛，花期 5—6 月，果期 10—11 月。

【价值与文化】树冠宽大，可作行道树、庭荫树及村旁、宅旁绿化；材质轻软，可供家具、乐器、棺木等用。梓是父亲的代称，“桑梓之地”指父母劳作生活养儿育女的地方，也指每个人出生的地方。

【繁殖方式】播种、扦插繁殖。

219. 楸（qiū）（楸树）

【形态特征】紫葳科梓属，乔木。叶三角状卵形或卵状长圆形，宽达 8 厘米，叶被脉腋处有紫色斑点；顶生伞房状总状花序，花冠唇形，淡红色，内面具有 2 黄色条纹及暗紫色斑点；蒴果线形；种子狭长椭圆形，两端生长毛。花期 5—6 月，果期 6—10 月。

【应用价值】树干通直，木材坚硬，为良好的建筑用材，可栽坛作观赏树、行道树。

【繁殖方式】根蘖繁殖播种、嫁接埋根以及平埋等进行繁殖。

220. 金银忍冬（jīn yín rěn dōng）（金银木）

【形态特征】忍冬科忍冬属，落叶灌木。单叶对生，叶卵状椭圆形；花芳香，花冠唇形，先白后黄，内被柔毛；浆果暗红色，圆形；花期5—6月，果熟期8—10月。

【价值与文化】“金银”指的是花的颜色，初开为白，对应银，快凋谢时为黄，对应金，忍冬意耐寒，故名金银忍冬，是良好的观赏灌木。

【繁殖方式】播种、扦插、分株、压条繁殖。

221. 红王子锦带花（hóng wáng zǐ jǐn dài huā）

【形态特征】忍冬科锦带花属，落叶开张性灌木。树皮灰色；单叶对生，椭圆形，先端渐尖，叶缘有锯齿；花单生或成聚伞花序，生于小枝顶端或叶腋；花冠漏斗状钟形，花冠筒中部以下变细，紫红色；蒴果柱状，黄褐色；花期4—6月。

【应用价值】锦带花枝叶繁茂，花色艳丽，花期长达两月之久，是优良的园林绿化灌木。

【繁殖方式】播种、扦插繁殖。

222. 鸡冠花（jī guān huā）

【形态特征】苋科青葙属，一年生草本。叶片卵形、卵状披针形或披针形；花多数，极密生；成扁平肉质鸡冠状、卷冠状或羽毛状的穗状花序，圆锥状矩圆形，表面羽毛状；花被片红、紫、黄、橙或红黄相间；花果期 7—9 月。

【价值与文化】因花序红色、扁平状，形似鸡冠，故名鸡冠花，享有“花中之禽”的美誉。色彩鲜艳，花团锦簇，是花境、花坛与切花的好材料。

【繁殖方式】种子繁殖。

223. 石竹（shí zhú）

【形态特征】石竹科石竹属，多年生草本。茎疏丛生；节膨大，单叶对生叶片线状披针形；花单生枝端或数花集成聚伞花序；花瓣倒卵状三角形，紫红色、粉红色、鲜红色或白色；蒴果，种子黑色，扁圆形；花期 5—6 月，果期 7—9 月。

【应用价值】石竹叶纤而翠、花色艳丽，耐寒凌霜，四季常开，作为花坛、花境、盆花的理想材料，亦作切花瓶插；也可药用。

【繁殖方式】播种、扦插繁殖。

224. 翠雀花（cuì què huā）

【形态特征】毛茛科翠雀属，多年生草本。基生叶及茎下部叶具长柄，叶圆五角形；总状花序；萼片紫蓝色，椭圆形或宽椭圆形；花瓣蓝色，种子沿棱具翅；花期5—10月。

【价值与文化】翠雀花因其花色大多为蓝紫色或淡紫色，花型似蓝色飞燕落满枝头，因而又名“飞燕草”，是珍贵的蓝色花卉资源，具有很高的观赏价值。全球已培育出数千个观赏栽培品种，并广泛用于庭院绿化、盆栽观赏和切花生产。

【繁殖方式】种子、扦插、分株繁殖。

225. 芍药（sháo yào）

【形态特征】芍药科芍药属，多年生草本。根粗壮，分枝黑褐色；下部茎生叶为二回三出复叶，上部茎生叶为三出复叶；花生于茎顶和叶腋，花瓣各色，有时基部具深紫色斑块；蓇葖果。花期5—6月，果期8月。

【价值与文化】芍药是中国的传统名花，被誉为“花仙”和“花相”，且被列为“六大名花”之一，又被称为“五月花神”，自古就作为爱情之花，被尊为七夕节的代表花卉；主要用于观花，也是很好的切花材料。为扬州市市花。观赏价值高。

【繁殖方式】播种、扦插繁殖。

226. 牡丹（mǔ dān）

【形态特征】芍药科芍药属，落叶灌木。叶常为二回三出复叶；花单生枝顶，花瓣 5 或为重瓣；玫瑰色、红紫色或粉红色至白色，变化较大；蓇葖果，长圆形，密生黄褐色硬毛；花期 5 月，果期 6 月。

【价值与文化】牡丹是中国特有的木本名贵花卉，有数千年的自然生长和 1500 多年的人工栽培历史，中国菏泽、洛阳市花；牡丹品种繁多，色、姿、香、韵俱佳，花大且美，是中国的十大传统名花之二，有“国色天香”“花中之王”的美称，园林中常作专类花园及重点美化用；亦可盆栽作室内观赏或切花瓶插；根皮叫“丹皮”，可供药用；叶可作染料；花可食用或浸酒。

【繁殖方式】分株、嫁接、播种繁殖。

227. 虞美人（yú měi rén）

【形态特征】罂粟科罂粟属，一年生草本。全体被毛；叶互生，叶片轮廓披针形或狭卵形，叶脉在背面突起；花单生于茎和分枝顶端，花蕾长圆状倒卵形，下垂；花瓣 4，圆形，紫红色，基部通常具深紫色斑点；蒴果宽倒卵形，肾状长圆形；花果期 3—8 月。

【应用价值】虞美人的花多彩丰富、花瓣质薄如绫，光洁似绸，花蕾多，花期长，从春至秋，常栽培于花坛或公园。还可供药用。

【繁殖方式】播种繁殖。

228. 诸葛菜（zhū gě cài）（二月蓝）

【形态特征】十字花科诸葛菜属，一年生草本。基生叶心形，下部茎生叶大头羽状深裂或全裂，上部叶抱茎；花紫色或白色，花瓣宽倒卵形；长角果线性，种子卵圆形或长圆形，黑棕色，有纵条纹；花期 3—5 月，果期 5—6 月。

【应用价值】诸葛菜是北方地区不可多得的早春观花、冬季观绿的地被植物，可用于草坪及地被，为良好的园林阴处或林下地被植物；也可保持水土、涵蓄水源，同时还能绿化荒坡，自成景观；亦可食用。

【繁殖方式】种子繁殖。

229. 费菜（fèi cài）

【形态特征】景天科费菜属，多年生草本。叶互生，狭披针形、椭圆状披针形，先端渐尖，边缘有不整齐的锯齿；叶近革质；聚伞花序有多花，萼片肉质，花瓣黄色；种子椭圆形。花期 6—7 月，果期 8—9 月。

【应用价值】株丛茂密，枝翠叶绿，花色金黄，适应性强，适宜于地面绿化覆盖，或作镶边植物等。

【繁殖方式】种子、分株繁殖。

230. 天竺葵（tiān zhú kuí）

【形态特征】牻牛儿苗科天竺葵属，多年生草本，全株具有短柔毛，触碰有臭味。茎直立，基部木质化；叶片圆形或肾形；伞形花序腋生；花瓣单瓣或重瓣，红色、橙红、粉红等，宽倒卵形；花期5—7月，室内栽培可常年开花。

【应用价值】具有观赏价值，可室内摆放，花坛布置等；可药用，茎叶可提取精油。

【繁殖方式】扦插繁殖。

231. 旱金莲（hàn jīn lián）

【形态特征】旱金莲科旱金莲属，一年生蔓生草本。叶互生；叶片圆形，具波状浅缺刻；单花腋生，花黄色、紫色、橘红色或杂色；花瓣圆形，边缘具缺刻；果扁球形，成熟时分裂成3个具一粒种子的瘦果；花期6—10月，果期7—11月。

【价值与文化】旱金莲叶肥花美，叶形如碗莲，呈圆盾形互生具长柄，花朵形态奇特，腋生呈喇叭状，茎蔓柔软，娉婷多姿，叶、花都具有极高的观赏价值，可用于盆栽装饰阳台、窗台，也宜于作切花。

【繁殖方式】播种和扦插繁殖。

232. 宿根亚麻（sù gēn yà má）（蓝亚麻）

【形态特征】亚麻科亚麻属，多年生草本。根为直根，粗壮；茎多数，直立或仰卧；叶互生，叶片狭条形或条状披针形，基部渐狭；花多数，组成聚伞花序；蒴果近球形；种子椭圆形；花期6—7月，果期8—9月。

【应用价值】可用于花坛、花境、岩石园，也可在草坪坡地上片植或点缀。

【繁殖方式】播种或扦插繁殖。

233. 蜀葵（shǔ kuí）

【形态特征】锦葵科蜀葵属，二年生直立草本。茎枝密被刺毛；叶近圆心形，裂片三角形或圆形；花腋生，单生或近簇生，排列成总状花序式，具叶状苞片，花大，有红、紫、白、粉红等色，单瓣或重瓣，花瓣倒卵状三角形；果实盘状；花期2—8月。

【应用价值】品种较多，花色鲜艳，植株较高，可作为花坛、花境的背景，也可成列或成丛种植。根、茎、叶、花及种子可以作为药材使用。

【繁殖方式】播种、分株、扦插繁殖。

234. 芙蓉葵（fú róng kuí）（草芙蓉）

【形态特征】锦葵科木槿属，多年生直立草本。叶卵形至卵状披针形；花单生于枝端叶腋间，花大，白色、淡红和红色等，花瓣倒卵形；蒴果圆锥状卵形，种子近圆肾形，端尖；花期 7—9 月。

【应用价值】花大，艳丽，可布置花坛，花境，也可丛植或群植。

【繁殖方式】播种或分株繁殖。

235. 长春花（cháng chūn huā）

【形态特征】夹竹桃科长春花属，半灌木。全株无毛，茎近方形，有条纹，灰绿色；叶膜质，倒卵状长圆形；聚伞花序腋生或顶生，花有红、紫、粉、白、黄等多种颜色，高脚碟状；蓇葖果双生，直立，种子黑色，长圆状圆筒形；花期、果期几乎全年。

【价值与文化】因其花期很长，从春至深秋开花不断，故名长春花。适用于盆栽、花坛和岩石园观赏。长春花有解毒抗癌，清热平肝的功效；其茎叶折断流出的白色乳汁，有剧毒，不可误食。

【繁殖方式】播种、扦插繁殖。

236. 一串红（yī chuàn hóng）

【形态特征】唇形科鼠尾草属，亚灌木状草本。茎钝四棱形；单叶对生，叶卵圆形或三角状卵圆形；轮伞花序，组成顶生总状花序；花萼、花冠均为红色；小坚果椭圆形，暗褐色；花期3—10月。

【应用价值】一串红花序长，颜色鲜艳，花期长，为中国城市和园林中普遍栽培的草本花卉，常作花丛花坛材料。

【繁殖方式】种子、扦插繁殖。

237. 鼠尾草（shǔ wěi cǎo）

【形态特征】唇形科鼠尾草属，一年生草本。茎直立；羽状复叶，边缘具钝锯齿；轮伞花序；花冠淡紫、淡蓝、淡红或白色，外面密被长柔毛；果椭圆形，褐色；花期6—9月。

【应用价值】常用于花坛、花境和园林景点的布置。

【繁殖方式】播种繁殖。

238. 珊瑚樱（shān hú yīng）（珊瑚豆）

【形态特征】茄科茄属，直立分枝小灌木。叶互生，椭圆状披针形，叶面无毛；花多单生叶腋；花小，花冠白色；浆果单生，球状，珊瑚红色或橘黄色；种子扁平；花期 4—7 月，果熟期 8—12 月。

【应用价值】传统的室内盆栽观果良品，是盆栽观果花卉中观果期最长的品种之一，时间长达 3 个月以上。全株有毒，根可入药。

【繁殖方式】种子繁殖。

239. 矮牵牛（ǎi qiān niú）（碧冬茄）

【形态特征】茄科矮牵牛属，一年生草本。叶卵形，先端渐尖，基部宽楔形或楔形；花单生叶腋；呈漏斗状，重瓣花球形，花白、紫或各种红色，并镶有它色边，或多色相间，非常美丽，花期 4 月至降霜。

【价值与文化】花大而多，开花繁盛，花期长，色彩丰富，被称为花坛皇后，是优良的花坛和种植钵花卉，也可自然式丛植，还可作为切花。

【繁殖方式】播种、扦插繁殖。

240. 黑心菊（hēi xīn jú）（黑心金光菊）

【形态特征】菊科金光菊属，一年或二年生草本。下部叶长卵圆形，上部叶长圆披针形，顶端渐尖，两面被白色密刺毛；头状花序；边缘舌状花鲜黄色；中心管状花暗褐色或暗紫色；瘦果四棱形，黑褐色，无冠毛。

【应用价值】花朵繁盛，色彩亮丽，抗热耐久，花期长，适合庭院布置，花境材料，或布置草地边缘成自然式栽植。

【繁殖方式】播种、扦插和分株法繁殖。

241. 大丽花（dà lì huā）

【形态特征】菊科大丽花属，多年生草本。叶 1 ～ 3 回羽状全裂，上部叶裂片卵形，下面灰绿色；头状花序大，有长花序梗下垂；边缘舌状花白色、红色、紫色，常卵形；中心管状花黄色；瘦果长圆形，黑色；花期 6—12 月，果期 9—10 月。

【价值与文化】世界著名观赏花卉，品种繁多，以花期长、花量多、花朵大著称，在北方地区，花期从 5 月至 11 月中旬，以秋后开花最盛；可做花坛、花径或庭前丛植，花朵用于制作切花、花篮、花环，中国各地庭园普遍栽培。是墨西哥的国花，西雅图的市花，吉林省的省花，河北省张家口市的市花。

【繁殖方式】扦插繁殖。

242. 百日菊（bǎi rì jú）（百日草）

【形态特征】菊科百日菊属，一年生草本。茎直立，全株被毛；叶宽卵圆形或长圆状椭圆形；头状花序，单生枝端；边缘舌状花深红色、玫瑰色、紫色或白色；中心管状花黄色或橙色；瘦果倒卵状楔形；花期6—9月，果期7—10月。

【应用价值】百日菊花色繁多，花大色艳，开花早，花期长，株型美观，可按高矮分别用于花坛、花境、花带，也常用于盆栽。

【繁殖方式】播种繁殖。

243. 万寿菊（wàn shòu jú）（孔雀草）

【形态特征】菊科万寿菊属，一年生草本。茎直立，具纵细条棱；叶羽状分裂，裂片长椭圆形或披针形；头状花序单生；边缘舌状花黄色或暗橙色；中心管状花花冠黄色；瘦果线形，黑色或褐色，被短微毛；花期7—9月。

【应用价值】万寿菊品种繁多，花大、花期长，是常见的园林绿化花卉。

【繁殖方式】播种、扦插繁殖。

244. 滨菊（bīn jú）

【形态特征】菊科滨菊属，多年生草本。花茎直立，且通常不会分枝；头状花序单生茎顶，有长花梗，花轴很短，呈扁平的盘状或球形，中央部分的花心为黄色，边缘部分的花瓣为白色。瘦果；花果期 5—10 月。

【应用价值】具有观赏价值，是典型的草坪花卉，多用于庭院绿化或布置花境，常作花坛或丛植于路旁。

【繁殖方式】播种、分株繁殖。

245. 松果菊（sōng guǒ jú）

【形态特征】菊科松果菊属，多年生草本植物。全株具粗毛，茎直立；基生叶卵形或三角形，茎生叶卵状披针形，叶柄基部稍抱茎；头状花序单生于枝顶，或数朵聚生；边缘舌状花紫红色、红色、粉红色等，中心管状花橙黄色；花期 6—7 月。

【应用价值】花大色艳、外形美观，具有很高的观赏价值，可用于花坛、草坪、花境和路缘绿化。

【繁殖方式】播种、分株繁殖。

246. 银叶菊（yín yè jú）

【形态特征】菊科疆千里光属，多年生草本。茎灰白色，多分枝；叶一至二回羽状裂，正反面均被银白色柔毛；头状花序集成伞房花序，舌状花小，管状花褐黄色；花期9—11月。

【应用价值】叶色银白，是重要的花坛观叶植物。

【繁殖方式】种子、扦插繁殖。

247. 联毛紫菀（lián máo zǐ wǎn）（荷兰菊）

【形态特征】菊科联毛紫菀属，多年生草本。茎直立，多分枝，被稀疏短柔毛；叶长圆形至条状披针形，先端渐尖；头状花序顶生，总苞钟形，舌状花蓝紫色、紫红色或白色，管状花黄色；瘦果长圆形；花果期8—10月。

【应用价值】花繁色艳，适应性强，植株较矮，自然成形，盛花时节又正值国庆节前后，故多用作花坛、花境材料，也可片植、丛植，或作盆花或切花。

【繁殖方式】扦插、分株、播种繁殖。

248. 秋英（qiū yīng）（波斯菊）

【形态特征】菊科秋英属，一年或多年生草本。茎无毛或稍被柔毛；叶二回羽状深裂；花头状单生；花瓣椭圆状倒卵形，舌状花紫红色至白色，管状花黄色；果实线形黄褐色，熟时呈黑色；花期 6—8 月，果期 9—10 月。

【应用价值】适于布置花镜，作背景材料，也可作切花。花可食，全草入药。

【繁殖方式】种子繁殖。

249. 天人菊（tiān rén jú）

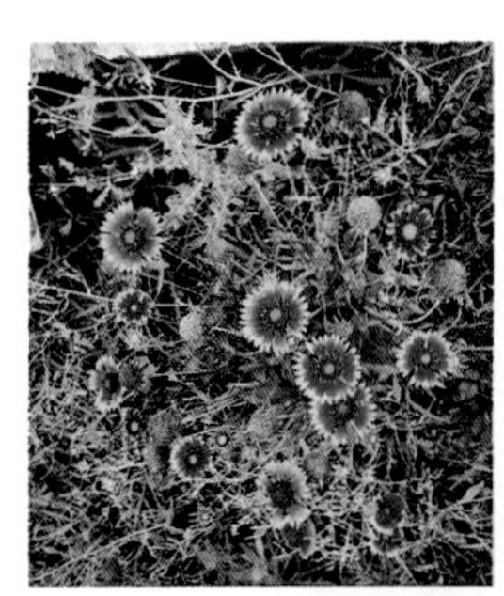

【形态特征】菊科天人菊属，一年生草本。茎中部以上多分枝，被短柔毛或锈色毛；下部叶匙形或倒披针形，边缘波状钝齿、叶两面被伏毛；头状花序；边缘舌状花黄色，基部带紫色先端 2 ～ 3 齿裂；中部管状花裂片三角形；瘦果；果期 6—8 月。

【应用价值】花姿优美，颜色艳丽，花期长，适宜布置花坛、花境，成片种植林缘空地等。

【繁殖方式】播种、扦插繁殖。

250. 矢车菊（shǐ chē jú）

【形态特征】菊科矢车菊属，一年或二年草本。全株灰白色，密被卷毛；叶片为披针形，全缘为羽状的分裂；头状花序顶生，排列成圆锥状花序，苞片总共约为7层，边花比中央盘花大，漏斗状，前端有浅裂，蓝色、白色、红色或紫色；花期4—5月花型奇特。

【应用价值】可用于花坛、草地镶边，或成片种植。

【繁殖方式】种子繁殖。

251. 玉簪（yù zān）

【形态特征】天门冬科玉簪属，根状茎粗厚。叶卵状心形、卵形或卵圆形；花单生或簇生，白色，芬香；雄蕊与花被近等长或略短；蒴果圆柱状，有3棱；花果期8—10月。

【应用价值】玉簪属于典型的阴性植物，喜阴湿环境，园林中可用于树下作地被植物、植于岩石园或建筑物北侧，也可盆栽观赏或作切花用。

【繁殖方式】分株、播种繁殖。

252. 百合（bǎi hé）

【形态特征】百合科百合属。地下根茎为鳞茎球形；鳞片披针形，无节，白色；茎有紫色条纹；叶散生，倒披针形至倒卵形；花喇叭形，有香气，多乳白色，无斑点；蒴果矩圆形；花期 5—6 月，果期 9—10 月。

【应用价值】鲜花含芳香油，可作香料，鳞茎药食兼用。花大洁白，花姿雅致，亭亭玉立，清香宜人，是名贵的切花，人工培育品种较多，宜栽植于大庭院或稀疏林下半阴处，也可盆栽观赏，点缀居室和阳台。

【繁殖方式】珠芽、小鳞茎、种子繁殖。

253. 金娃娃萱草（jīn wá wá xuān cǎo）

【形态特征】阿福花科萱草属多年生草本。是萱草人工栽培的园艺品种。地下具根状茎和肉质肥大的纺锤状块根；叶基生，条形，螺旋状聚伞花序，花 7 ~ 10 朵，花冠漏斗形，金黄色；花期 5—11 月。

【应用价值】早春叶片萌发早，株型矮壮，花径大，花期长，适应性强，栽培管理简单，适宜在城市公园、广场等绿地镶边或丛植。

【繁殖方式】营养、分株繁殖。

254. 郁金香（yù jīn xiāng）

【形态特征】百合科郁金香属，多年生草本。鳞茎皮纸质；叶条状披针形至卵状披针形；花单朵顶生，大型而艳丽；花被片红色或杂有白色和黄色，色彩丰富；雄蕊等长，花丝无毛；无花柱，柱头增大呈鸡冠状；花期4—5月。

【价值与文化】郁金香为世界著名的春季观赏花卉，花朵似荷花，花色繁多，色彩丰润、艳丽，宜作切花或布置花坛、花境，形成整体色块景观。是荷兰的国花。

【繁殖方式】分球、播种繁殖等。

255. 鸢尾（yuān wěi）

【形态特征】鸢尾科鸢尾属，多年生草本。根状茎粗壮叶直立或略弯曲，常具白粉，剑形；花茎光滑，花蓝紫色，上端膨大成喇叭形，外花被裂片圆形或宽卵形；蒴果长椭圆形或倒卵形；种子梨形。花期4—5月，果期6—8月。

【应用价值】花大色艳、花型奇特，花色丰富，是花坛及庭院绿化的良好材料，也可用作地被植物，有些种类为优良的鲜切花材料。

【繁殖方式】分株、播种繁殖。

256. 马蔺（mǎ lìn）

【形态特征】鸢尾科鸢尾属，多年生密丛草本。根木质；叶基生，坚韧，灰绿色，条形或狭剑形；花浅蓝色、蓝色或蓝紫色，花被上有较深色的条纹；蒴果长椭圆状柱形，有6条明显的肋；种子为不规则的多面体，棕褐色；花期5—6月，果期6—9月。

【价值与文化】马蔺在北方地区绿期可达280天以上，叶片翠绿柔软，蓝紫色的花淡雅美丽，花蜜清香，花期长达50天，可形成美丽的园林景观，常作地被花卉，也常配置于开放绿地、道路两侧绿化隔离带和草地中。中国栽培马蔺已有2000多年的历史，它代表着生机盎然、坚韧不拔和温馨浪漫。马蔺还有宿世情人的特殊寓意。马蔺花是鄂尔多斯市、通化市的市花。

【繁殖方式】播种繁殖。

257. 黄菖蒲（huáng chāng pú）

【形态特征】鸢尾科鸢尾属，多年生草本。根状茎粗壮，节明显，黄褐色；须根黄白色，有皱缩的横纹；基生叶灰绿色，宽剑形，顶端渐尖，中脉较明显；花茎粗壮，有明显的纵棱；花黄色。花期5月、果期6—8月。

【应用价值】观赏价值高，常供盆栽观赏或作插花切叶；还可入药，干燥的根茎可缓解牙痛，还可调经，治腹泻。

【繁殖方式】分株、播种繁殖。

258. 美人蕉（měi rén jiāo）

【形态特征】美人焦科美人蕉属，多年生草本。茎、叶和花序均被白粉，叶椭圆形，总状花序顶生；花大，较密集，每一苞片内有 1 ～ 2 花；花色为红、橘红、淡黄、白色。

【价值与文化】叶片硕大，形似芭蕉，花苞鲜艳美丽，故名美人蕉。花大色艳、色彩丰富，株形好，栽培容易，培育出许多优良品种，作花坛背景或花坛中心栽植、丛植。

【繁殖方式】播种、块茎繁殖。

259. 含羞草（hán xiū cǎo）

【形态特征】豆科含羞草属，披散、亚灌木状草本。茎圆柱状，具分枝，有散生、下弯的钩刺及倒生刺毛；头状花序圆球形，花小，淡红色；花冠钟状；荚果长圆形，种子卵形；花期 3—10 月，果期 5—11 月。

【价值与文化】含羞草全草供药用，有安神镇静的功能。在受到外界触动时，含羞草羽片和小叶闭合而下垂，故称为含羞草，常栽培为趣味观赏植物。

【繁殖方式】播种繁殖。

260. 黄花补血草（huáng huā bǔ xuè cǎo）

【形态特征】白花丹科补血草属，多年生草本。全株（除萼外）无毛。茎基往往被有残存的叶柄和红褐色芽鳞。叶基生，常长圆状匙形至倒披针形，花序圆锥状；穗状花序；花萼、花冠橙黄色。花期6—8月，果期7—8月。

【应用价值】黄花补血草花色艳美、繁密华贵，多野生于干旱荒漠地区，是荒漠地区难得的纯黄色宿根花卉；花萼干后仍保持黄色，是制作干花的好材料。

【繁殖方式】播种繁殖。

261. 莲（lián）（荷花）

【形态特征】莲科莲属，多年生水生草本。根状茎横生，下生须状不定根；叶盾状圆形光滑，具白粉，叶柄中空；花瓣红色、粉红色或白色；坚果椭圆形或卵形，果皮革质；种子卵形或椭圆形；花期6—8月，果期8—10月。

【价值与文化】莲花在中国园林造景中应用广泛，是中国十大名花之一。莲花全身皆宝，藕和莲子能食用，莲子、根茎、藕节、荷叶、花及种子的胚芽等都可入药。

【繁殖方式】种子或分藕繁殖。

262. 睡莲（shuì lián）

【形态特征】睡莲科睡莲属，多年水生草本。根状茎短粗；叶二型，浮水叶浮生于水面，基部深裂成马蹄形或心脏形，叶缘波状全缘或有齿；沉水叶薄膜质，柔弱；花单生，花瓣多白色，长圆形或倒卵形；浆果球形；种子椭圆形；花期6—8月，果期8—10月。

【观赏价值】具有很高的观赏价值，花可制作鲜切花或干花，根能净化水体。

【繁殖方式】分株、播种、胎生繁殖。

263. 香蒲（xiāng pú）

【形态特征】香蒲科香蒲属，多年生水生或沼生草本。根状茎乳白色，地上茎粗壮，向上渐细；叶片条形，光滑无毛；雌雄花序紧密连接；小坚果椭圆形至长椭圆形；果序呈圆柱形。花果期5—8月。

【经济价值】香蒲价值丰富：优良的水生观赏植物，兼具生态功能；花粉入药称蒲黄；嫩芽称蒲菜，为有名的水生蔬菜；叶称蒲草可用于编织；全株是造纸的好原料；雌花序上的毛称蒲绒，常可作枕絮等。

【繁殖方式】分株或播种繁殖。

264. 芦苇（lú wěi）

【形态特征】禾本科芦苇属多年生草本，根状茎十分发达；秆直立；茎中空光滑；叶片披针状线形，排列成两行；圆锥花序大型，着生稠密下垂的小穗，无毛；花黄色；颖果。

【经济价值】芦苇分布广泛，在净化水源、调节气候和保护生物多样性方面具有很高的生态价值；芦苇花序雄伟美观，常用作滨水观赏植物；秆为造纸原料或作编席织帘及建棚材料；芦叶、芦茎、芦根还可药用。

【繁殖方式】种子繁殖。

265. 水葱（shuǐ cōng）

【形态特征】莎草科水葱属，多年生草本。秆圆柱状，叶鞘膜质；叶片线形；长枝侧生聚伞花序，小穗单生或簇生辐射枝顶端，卵形或长圆形；小坚果倒卵形或椭圆形，双凸状。

【经济价值】水葱的地上部分可入药，具有利水消肿之功效。其茎秆可作造纸或编织草席。

【繁殖方式】播种或分株繁殖。

266. 三棱水葱（sān léng shuǐ cōng）（藨草）

【形态特征】莎草科水葱属草本，匍匐根状茎长；茎三棱形，基部具鞘，鞘膜质，叶片扁平；小坚果倒卵形，平凸状，成熟时褐色，具光泽；花果期6—9月。

【价值与文化】可药用，有开胃消食，清热利湿的功效；是营造水景的好材料。

【繁殖方式】种子，根状茎或分株繁殖。

267. 浮萍（fú píng）

【形态特征】天南星科浮萍属，多年生飘浮植物。叶状体对称，表面绿色，背面浅黄色，近圆形，全缘；叶状体背面一侧具囊，新叶状体于囊内形成浮出。

【经济价值】可入药，有发汗、利水、消肿毒的功效；为良好的猪饲料、鸭饲料、草鱼鱼种的优质青饲料。

【繁殖方式】常出芽生殖。

第三部分

植物识别小程序与应用

形色 App

形色 App 是由杭州睿琪软件有限公司推出的一款识别、分享附近花卉植物的 App 小程序。除了植物识别功能，形色还设有形色推荐、户外赏花、趣味植物、花间等知识型栏目供爱好者学习，另有鉴定和每日一花栏目供互动交流。应用功能非常强大，使用简单方便，一键上传，形色可以马上给出花名和参考图。

“形色 App”操作方法

1. 拍照识图

第一步：在手机的应用市场搜索“形色”，点击下载并安装成功。

第二步：打开软件“形色”，将所有权限设置为“同意”或“允许”。

23:32 34%

欢迎使用形色

请您务必审慎阅读、充分理解“用户协议”和“隐私政策”各条款，包括但不限于为了向您提供植物识别、保存图片等服务，我们需要收集您的设备信息、操作日志等个人信息。您可以在设置中查看、变更、删除个人信息并管理您的授权。您可阅读《用户协议》、《隐私政策》、《第三方共享个人信息清单》和《形色权限申请与使用情况说明》了解详细信息。

某些产品功能可能会申请以下权限（未得到您的授权，这些权限不会默认开启）：

- **相机权限**
  用于拍摄植物照片
- **手机存储权限**
  用于从相册中上传植物图片

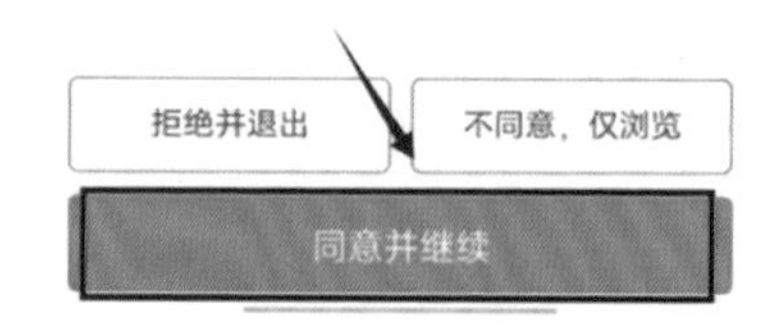

第三步：点击下方拍照按钮开始拍照识图。

第四步：将需要拍照的植物放在中心位置，并聚焦（相机、摄像头、存储权限等也设置为“同意”或“允许”），按下拍照，等待识别。

1

2

3

第五步：得出大致结果，可多拍摄检测几次提高识别准确性（图中以矮牵牛图片为例）；向右滑动查看其他可能。

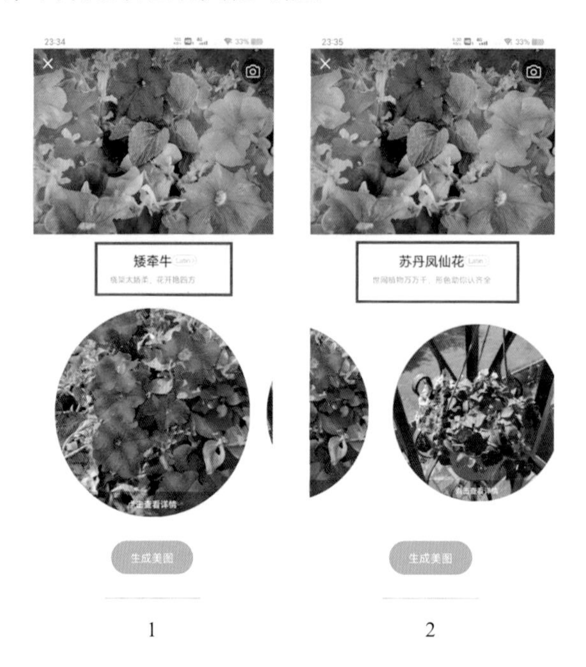

第六步：确认后点击“点击查看详情”，查看植物相关信息，包括诗词赏花、植物简介、植物百科、植物养护、植物价值等信息（图中以矮牵牛为例）。

第七步：在首页点击“我的”会产生识别日记。

2. 相册图片识图

点击首页下方的图标，再点击左下侧的“相册”，选择想要的图片，根据提示放置在中心位置，点击“对号”按钮，识别成功后按照上面第五步及以后查看相关结果。

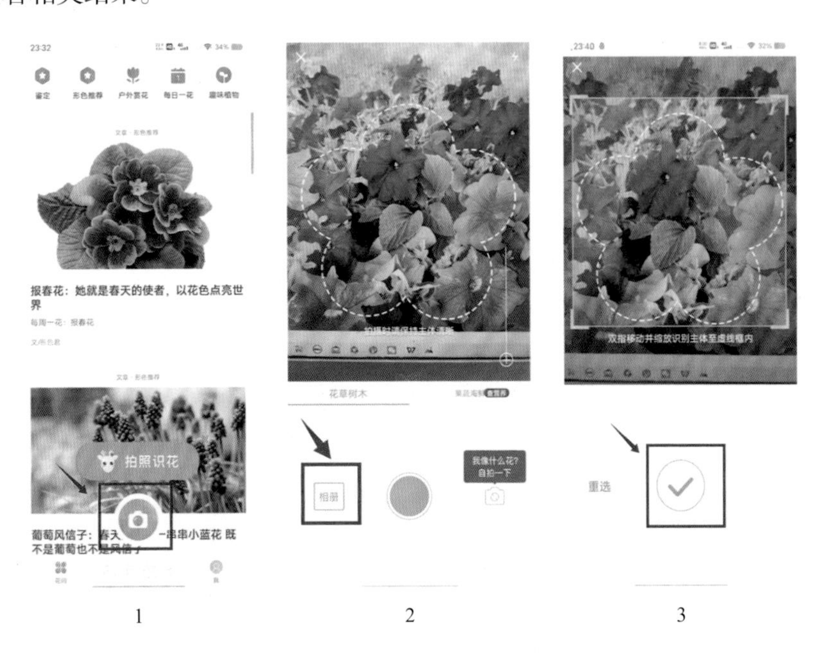

1　　2　　3

Ⅱ 花伴侣 App

花伴侣 App 以中国植物图像库海量植物分类图片为基础，由中国科学院植物研究所联合鲁朗软件基于深度学习开发的植物识别应用。花伴侣能识别中国野生及栽培植物 3000 属，近 5000 种，几乎涵盖身边所有常见花草树木。花草树木，一拍呈名，还可进行记录与分享，书写花记，鉴定求助等互动栏目，同时设有文章、百科等知识扩展栏目。

识别：只需拍照（拍摄植物的花、果、叶等特征部位）、选取照片或者从相册分享到花伴侣，即可快速识别；

分类：物种科属按照最新分子系统学成果，附有常用俗名，点击名称可进入植物百科；

记录：自动保存识别历史，方便后续查看，也可以向左滑动后删除记录。

分享：微信好友、朋友圈、QQ、QQ 空间、微博等。

推荐：适合园艺工作者、植物爱好者、大中小学生及学生家长，无论您在街头、公园或者郊外游览，只需一拍照片就可以认识植物，让您在亲近大自然的同时，了解身边的植物和花卉，给您带来更多快乐！

花伴侣 App 操作方法

1. 拍照识图

第一步：在手机的应用市场搜索“花伴侣”，点击下载并安装成功。

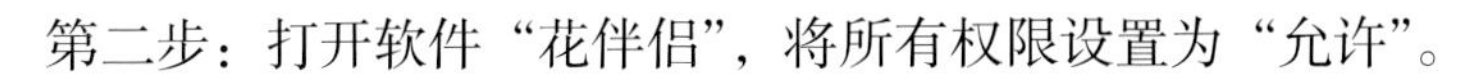

第二步：打开软件“花伴侣”，将所有权限设置为“允许”。

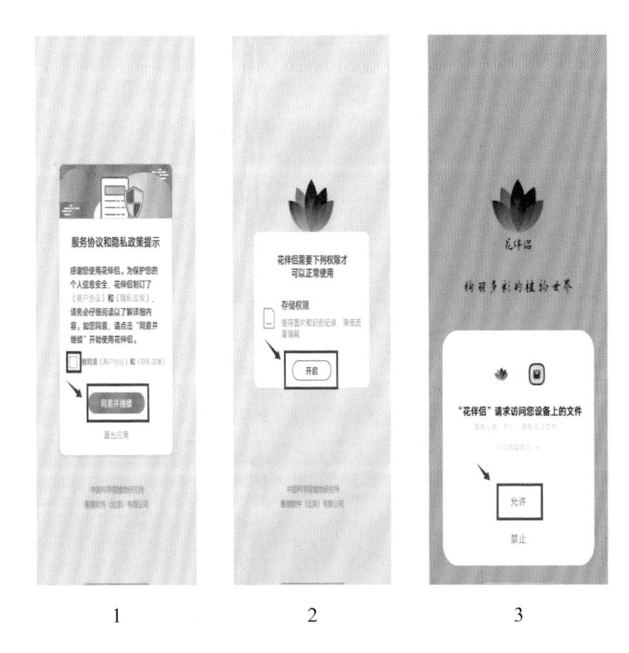

1　　2　　3

第三步：首次进入需向左划至最后一页，点击“开启识花之旅”（太久没用也会出现这种情况）。首次进入需输入手机号，获得验证码后注册，这里以第三方登录“微信”为例。

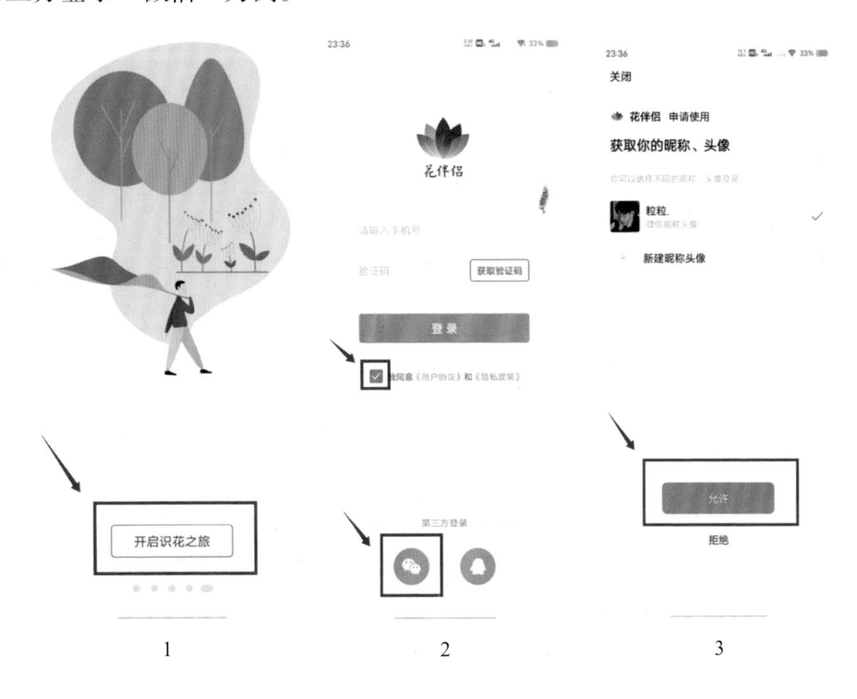

1　　2　　3

第四步：点击下方拍照按钮开始拍照识图。

第五步：将需要拍照的植物放在中心位置（将摄像头等权限打开，设置为“允许”），并聚焦，按下拍照，等待识别。

第六步：得出大致结果（以大花牵牛为例），可多拍摄检测几次提高识别准确性；可点击“更多结果”查看。

1　　　　　　　　2

第七步：点击进入想要了解的植物，将会有该植物的拉丁名、科属种、图片、简介、价值应用、养护技术、表型特征等信息。

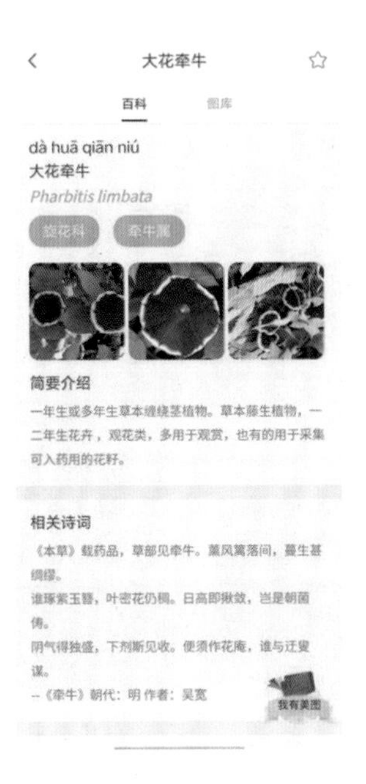

2. 相册图片识图

第一步：点击首页下方按钮，其次点击“相册”。

1　　　　　　　　　　2

第二步：选择想要识别的图片，选出要识别的部位，点击“确定”。识别后，查看结果步骤同上面的第六步及以后。

1　　　　　　　　　　2

3. 搜索植物名称查找信息

第一步：在首页上方输入想要了解的植物名称，如沙枣，并点击下方符合的名称。

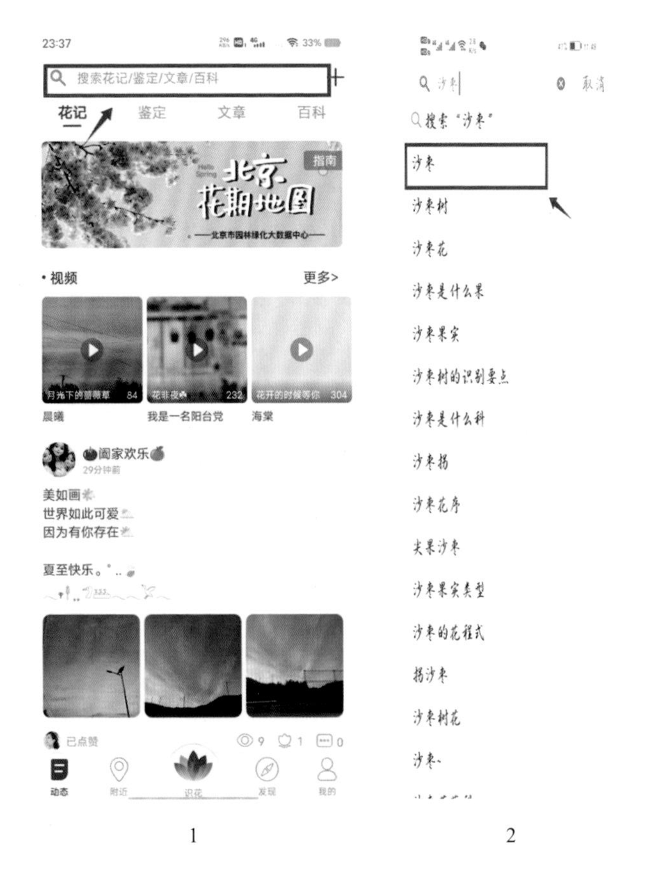

1　　　　　　2

第二步：在出现的信息中，有“花记”他人上传记录的图片，图片与文字不一定是相符的。标有“百科 – 信息”的内容一定是正确的。

选择“百科”中想要了解的植物并点击，将会出现对应的信息，包括拉丁名、科属种、别名、价值、养护技术、表型特征等。

沙枣
取消
花记
鉴定
文章
百科
沙枣
Flower4173472
沙枣花

1

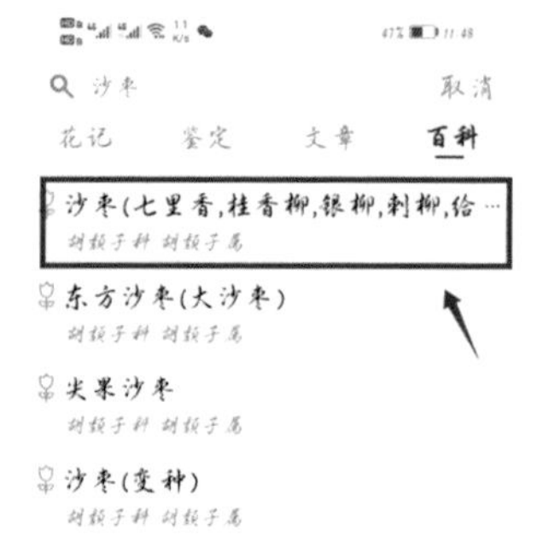
沙枣
取消
花记
鉴定
文章
百科
沙枣(七里香,桂香柳,银柳,刺柳,俗…
胡颓子科 胡颓子属
东方沙枣(大沙枣)
胡颓子科 胡颓子属
尖果沙枣
胡颓子科 胡颓子属
沙枣(变种)
胡颓子科 胡颓子属

2

沙枣
百科
图库
shā zǎo
沙枣
Elaeagnus angustifolia
别名：七里香、桂香柳、银柳
胡颓子科
胡颓子属
简要介绍
沙枣属落叶乔木或小乔木。
以本植物为市花/市树的城市
银川
价值功用
果肉含有糖分、淀粉、蛋白质、脂肪和维生素，可以
生食或熟食，新疆地区将果实打粉掺在面粉内代主
食，亦可酿酒、制醋酱、糕点等食品。果实和叶可作
具、农具，亦可作燃料，是沙漠地区农村燃料的主要

3

参考文献

陈有民，2014. 园林树木学 .2 版 . 北京：中国林业出版社 .
冯缨，严成，尹林克，2003. 新疆植物特有种及其分布［J］. 西北植物学报，23（2）：263–273.
李都，尹林克，2005. 中国新疆野生植物［M］. 乌鲁木齐：新疆青少年出版社 .
李志军等，2013. 新疆塔里木盆地野生植物图谱［M］. 北京：科学出版社 .
李志军等，2015. 新疆塔里木盆地特有和珍稀维管植物［M］. 北京：科学出版社 .
李志军等著，2014. 新疆塔里木盆地野生药用植物图谱［M］. 北京：科学出版社 .
王磊，崔大方，1989. 新疆野生观赏植物名录［J］. 八一农学院学报（1）：86–96.
王兆松，2006. 新疆北疆地区野生植物资源图谱［M］. 乌鲁木齐：新疆科学技术出版社 .
新疆植物志编辑委员会，1992–2004. 新疆植物志［M］. 乌鲁木齐：新疆科技卫生出版社 .
杨昌友，2012. 新疆树木志［M］. 北京：中国林业出版社 .
杨宗宗，迟建才，马明，2021. 新疆北部野生维管植物图鉴［M］. 北京：科学出版社 .
尹林克，谭丽霞，王兵，2006. 新疆珍稀濒危特有高等植物［M］. 乌鲁木齐：新疆科学技术出版社 .
张启翔，2020. 中国观赏植物种质资源 . 新疆卷 .1［M］. 北京：中国林业出版社 .
张志翔，2021. 树木学［M］. 北京：中国林业出版社 .
中国高等植物彩色图鉴编委会，2016. 中国高等植物彩色图鉴［M］，北京：

科学出版社 .

中国科学院新疆综合考察队，1978. 新疆植被及其利用［M］，北京：科学出版社 .

中国数字植物标本馆 http://www.cvh.ac.cn/

中国野生植物保护协会 https://www.wpca.org.cn/

中国植物图像库 http://ppbc.iplant.cn/

中国植物志网页 http://www.iplant.cn/frps /about

周禧琳，2011. 环塔里木盆地野生观赏植物资源调查与观赏特性评价［D］. 武汉：华中农业大学 .

iPlant 植物智——植物物种信息系统